달팽이는 왜?

알면 알수록 재미있는 달팽이 이야기

달팽이는 왜?

초판 3쇄 발행일 2024년 06월 12일
초판 1쇄 발행일 2021년 07월 19일

지은이 권오길 · 이준상
펴낸이 이원중

펴낸곳 지성사 출판등록일 1993년 12월 9일 등록번호 제10-916호
주소 (03458) 서울시 은평구 진흥로 68, 2층
전화 (02) 335-5494 팩스 (02) 335-5496
홈페이지 www.jisungsa.co.kr 이메일 jisungsa@hanmail.net

ISBN 978-89-7889-469-2 (03490)

알면 알수록 재미있는
달팽이 이야기

달팽이는 왜?

권오길 · 이준상 지음

지성사

경이로운 달팽이의 세계

달팽이는 무척이나 굼뜬 동물이다. 늘 무거운 집을 등에 이고 느릿느릿 기어가는 모습을 볼 때면 안쓰럽기까지 하다. 그러나 그들은 얼마나 꾸준한지 모른다. 오죽하면 바다를 건너겠는가.

지구상에는 대략 10만 종의 연체동물이 사는 것으로 알려져 있다. 연체동물은 오징어나 문어 같은 것 외에도 껍데기를 갖더라도 살이 연한 동물을 말하며, 곤충이나 거미, 게, 새우 등과 같은 절지동물 다음으로 많은 종을 거느리고 있다. 그러므로 땅, 강, 바다 등 어디에나 있는 것이다. 달팽이도 연체동물의 한 무리로 전 세계 곳곳에 자리 잡고 있다.

이 『달팽이는 왜?』에서는 바다 속이나 물속에 사는 연체동물이 아닌, 육지에 적응해서 사는 달팽이들에 대해서만 언급하였다. 육지에 사는 이 달팽이들은 밭가나 논두렁, 길섶, 풀숲, 수북이 쌓인 낙엽 아래, 나무 둥치, 산사의 담장 등 살지 않는 곳이 없으니, 우리 인간과 함께 살고 있다 해도 과언이 아니다.

필자는 이미 두 권의 패류도감과 50여 편의 논문을 썼지만, 달팽이를 이 같은 형식의 과학책으로 앉히는 일이 가장 힘들었다고 생각한다. 그 이유는 이 책이 전문가들뿐만 아니라 달팽이에 관심이 많은 청소년들까지도 볼 수 있기를 바랐기 때문이다. 그런데 오히려 전문가들에게는 내용이 미진하고 청소년들에게는 너무 어려운 책이 되지나 않을까 적이 걱정이 앞선다. 하지만 달팽이의 형태와 생태, 오랜 세월 인간과 맺어온 관계 그리고 우리나라의 달팽이들을 보면서 왜 이렇게 하찮은 생물도 아끼고 사랑해야 하는지 느낄 수 있으리라 믿어 의심치 않는다.

물론 필자가 아끼는 채소밭을 망쳐놓는 달팽이들을 보면 당황스러울 때가 한두 번이 아니지만, 어쩌겠는가. 그것도 그들의 삶인 것을……. 느리고 미련해 보이지만 필자는 이 달팽이들을 본받아 살려고 노력한다. 느리면서도 꾸준히!

끝으로, 과학의 저변 확대를 위해 과학이라는 씨앗을 심고, 물 주는 일을 게을리하지 않으며 한 발 한 발 나아가고 있는 지성사에 찬사를 보내고 싶다. 분명히 이 책도 한 알의 밀알이 되어 자연과학계에 큰 도움이 되리라 믿는다. 이 책을 내기 위해 수고해준 지성사 식구들에게 고맙다는 말을 전하고 싶다.

권오길

| 차례 |

2 우리나라에는 어떤 달팽이가 살까?

3
달팽이는 사람과 어떻게 함께 살아갈까?

※ 일러두기

1. 외래어 표기는 국립국어원의 표기 원칙에 따랐다.
2. 본문에 해당 사진이나 그림이 있는 경우는 글자체를 굵은 고딕체로 구분하였다.
3. 달팽이 분류에서 과 이름은 알아보기 쉽도록 사이시옷을 빼고 표기하였다.
(예: 달팽잇과 → 달팽이과)

1

달팽이는 어떤 생물일까?

달팽이를 어떻게 분류할까

부슬부슬 비 내리는 여름날 담장 위를 미끄러지듯 기어가는 달팽이나 개울가 돌 밑에 붙어 있는 다슬기, 발이 푹푹 빠지는 뻘 위에서 꿈틀거리는 우렁이, 바다 밑에서 잡혀 올라오는 소라와 골뱅이 그리고 바닷물이 출렁거리는 갯가의 바위틈에 찰싹 달라붙어 있는 고둥……. 모두 우리가 익히 보아온 생물들이다. 생김새도 비슷해서 크게는 달팽이나 우렁이 무리쯤으로 생각하기 쉽다. 하지만 이들은 사는 곳에 따라, 또는 가진 특성에 따라 고유의 이름을 가지고 나름의 자리매김을 하고 있다.

달팽이는 어떤 생물이며, 다슬기나 우렁이 등과는 어떻게 다른 걸까. 우선 달팽이는 연체동물(軟體動物) 가운데서도 '복족류(腹足類)'에 속해 있다. 연체동물이란 몸에 뼈가 없어 살이 아주 연하고 부드러운 동물을 말하며, 복족류는 말 그대로 발이 배에 붙어 있어 그것으로 기어 다니며 생활하는 무리다.

껍데기가 있는 연체동물 가운데에는 달팽이 같은 복족류 외에 껍데기가 두 장인 조개 따위가 있는데 이들을 '이매패류(二枚貝類)'라 하고, 복족류와 이매패류를 함께 묶어서 '패류(貝類)'라 한다. 때

달팽이의 분류

(한국 비해산 복족류 분류표)

강	아강	목	과	대표종
복족강	갈고둥아강	고리갈고둥목	깨알우렁이과	깨알우렁이
	신생복족아강	고설목	산우렁이과	둥근혹달팽이
				산우렁이
				나사산우렁이
			깨알달팽이과	아리니아깨알달팽이
			번데기우렁이과	번데기우렁이
		총알고둥목	기수우렁이과	기수우렁이
			목주림고둥과	목주림고둥
	이새아강	유폐목	고링딱개비과	흰고랑딱개비
			대추귀고둥과	대추귀고둥
				노랑띠대추귀고둥
				좁쌀대추귀고둥
				도토리귀고둥
			양귀비고둥과	줄양귀비고둥
		병안목	뾰족쨈물우렁이과	뾰족쨈물우렁이
			반디고둥과	반디고둥
			번데기고둥과	번데기고둥
			쇠평지달팽이과	쇠평지달팽이
			입고랑고둥과	참입고랑고둥
			실주름달팽이과	실주름달팽이
			이빨번데기고둥과	각시모래고둥
				민이빨번데기고둥
			입술대고둥아재비과	입술대고둥아재비
			왕달팽이과	왕달팽이
			대고둥과	대고둥
			입술대고둥과	부산입술대고둥
			평탑달팽이과	평탑달팽이
			납작평탑달팽이과	울릉도납작평탑달팽이
			주름번데기과	주름번데기
			나사호박달팽이과	포항호박달팽이
			밤달팽이과	제주밤달팽이
			호박달팽이과	하와이호박달팽이
			달팽이과	달팽이
			외줄달팽이과	거제외줄달팽이
			뾰족민달팽이과	작은뾰족민달팽이
			민달팽이과	민달팽이

에 따라서는 연체동물을 패류라 부르기도 한다. 흔히 '어패류'라 하면 어류(물고기)와 패류(고둥, 조개)를 통틀어 이르는 말이라 할 것이다.

복족류 무리에서 다슬기나 우렁이, 소라, 골뱅이 등은 민물이나 바닷물에서 살고, 우리가 달팽이라 부르는 것만이 뭍에서 산다. 이러한 복족류는 허파로 공기호흡을 하는 무리가 대부분이지만, 원시적인 아가미로 호흡을 하는 무리도 일부 있다. 이 책에서는 아가미 호흡을 하거나 폐호흡을 하면서 뭍에서 사는 육산(陸産) 달팽이만을 다루고자 한다.

달팽이는 언제 지구상에 나타났을까

생명체가 언제 어디서 어떻게 만들어졌는지는 이느 누구도 정확하게 말할 수 없다. 그러니 달팽이의 조상이 언제 지구상에 나타났으며, 또 어떤 생물이었을까 하는 질문에 선뜻 대답하기란 쉬운 일이 아니다. 한 생물의 조상을 언급할 때는 일반적으로 진화하는 과정에서 남은 생물체의 흔적을 근거로 말할 수 있을 뿐이다. 다행히도 패류는 단단한 껍데기가 있기 때문에 화석으로 남을 수 있었고, 덕분에 그들의 조상이 어떤 생물이었는지 비교적 쉽게 알 수 있었다.

달팽이의 조상은 지금으로부터 약 5억 7000만 년 전인 캄브리아기 초기에 지구상에 출현한 것으로 보인다. 이 원시 조상종에서 제일 먼저 미공류와 관복류가 출현하고, 그 후에 다판류, 단판류, **복족류**, 굴족류가, 마지막으로 이매패류와 두족류가 나타난 것으로 추정된다. 한마디로 연체동물 가운데 늦게 나타난 오징어나 문어 같은 두족류가 가장 진화한 동물인 것이다.

연체동물의 계통수

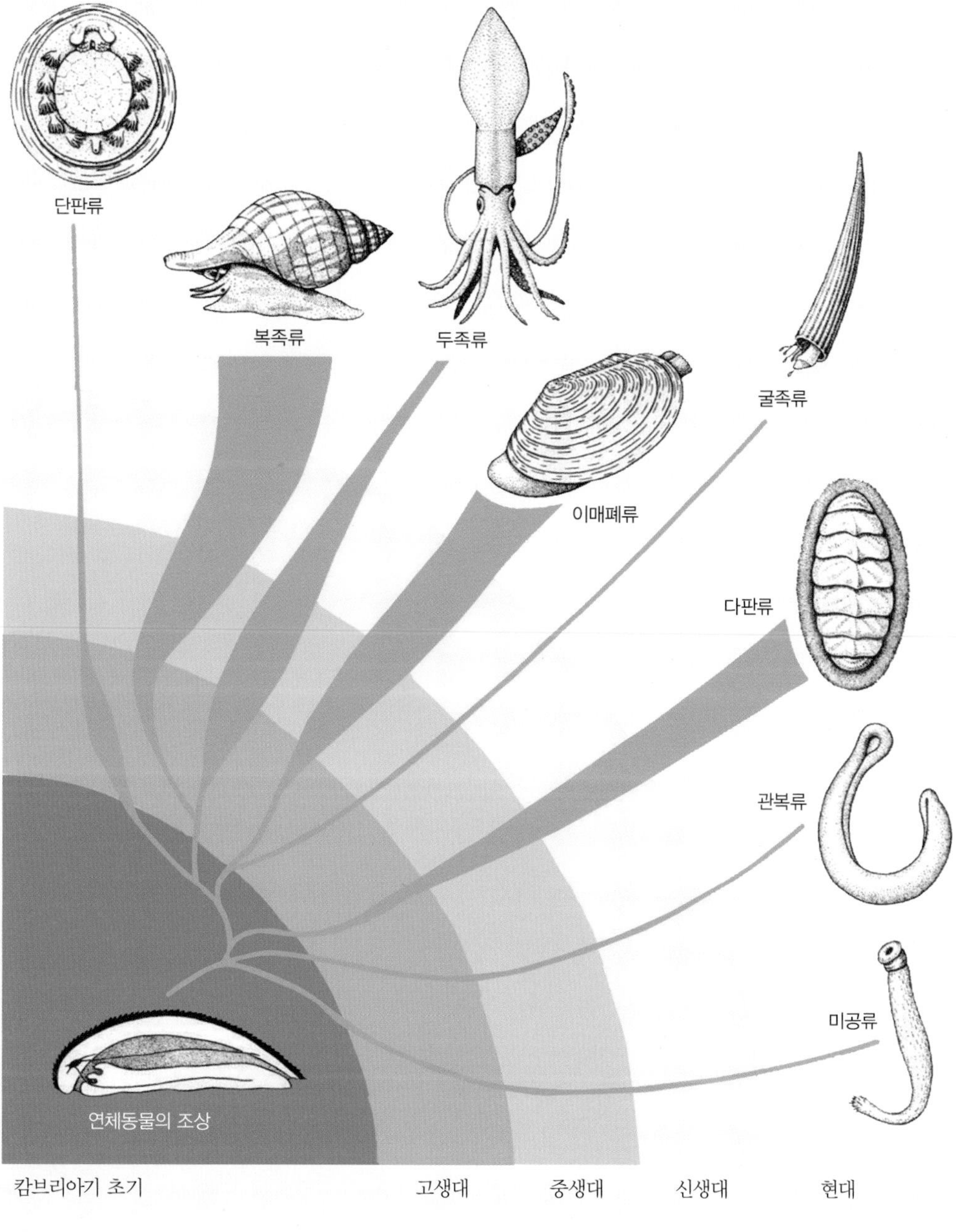
단판류
복족류
두족류
이매패류
굴족류
다판류
관복류
미공류
연체동물의 조상
캄브리아기 초기
고생대
중생대
신생대
현대

바다에서 육지로 올라온 연체동물

일반적으로 생명체는 바다에서 처음 생겨났다고 하는 설이 인정을 받고 있다. 따라서 연체동물도 바다 속에서 생겨나 진화를 거듭하였으며, 오랜 시간이 흐른 후에 어떤 무리는 먹이를 찾아 민물과 바닷물이 섞이는 기수(汽水)를 거쳐 강으로 거슬러 올라오기도 하고, 또 어떤 무리는 더 나아가 육지로 올라오면서 지금의 달팽이류가 되었다고 본다. 한편 바닷가 야산에서는 여러 종류의 달팽이가 발견되는데, 이는 바다에서 강을 거치지 않고 뭍으로 바로 이동한 무리도 있었음을 확인해주는 증거이다.

달팽이는 어디에 살고 있을까

우리가 '달팽이'라 부르는 육산 달팽이들은 아주 오래전부터 인가(人家) 주변에서 사람과 함께 살아왔다. 그래서인지 달팽이는 녹지대, 공원, 길가, 배추밭, 감귤 농원, 심지어 마늘밭 등에서 살면서 애써 가꿔둔 작물을 망치기도 한다. 특히 집 안의 화단이나 화분을 들여다보면 노랗고 기다란 모양의 **가시대고둥**, 짙은 갈색에 동그란 모양의 **포항호박달팽이**를 볼 수 있는데, 이들은 크기가 매우 작아서 자세히 보아야 볼 수 있다. 이 가운데 포항호박달팽이는 원래 우리

↖가시대고둥 ↑포항호박달팽이

나라에는 없던 종으로 유럽에서 관상용 꽃을 수입할 때 묻어 들어온 것으로 생각되며, 지금은 원예작물에 해를 끼치는 대표적인 달팽이가 되었다.

대부분의 달팽이는 보존이 잘된 활엽수림에서 산다. 이런 곳은 햇빛이 잘 들지 않기 때문에 습도가 높고, 썩은 고목과 낙엽이 많아 달팽이들에게 풍부한 먹이를 제공한다. 달팽이들이, 뱀이 있을 것처럼 음습한 곳을 좋아하는 이유가 여기에 있다.

한편, 석회암 지대의 활엽수림에서도 달팽이가 쉽게 눈에 띈다. 탄산칼슘을 섭취해야 자신의 껍데기가 자라거나 알이 만들어질 수 있기 때문에 이곳으로 몰려드는 것이다. 유난히 석회암 지대를 선호하는 종을 호석회성(好石灰性) 종이라 하며, 여기에는 **혹달팽이 무리**와 **입술대고둥 무리**가 있다. 또 같은 석회암 지대라도 동굴에서만 사는 달팽이가 있다. 강원도 환선굴이 개발되기 전, 필자들이 동굴 안 500미터 지점에서 채집하여 1991년에 신종으로 발표한 둥근동굴우렁이와 노동굴고둥은 캄캄한 석회동굴 속에서 일생을 보내는 진동굴성(眞洞窟性) 달팽이다. 같은 육산 달팽이 중에 짬물우렁이와 **뾰족짬물우렁이**는 숲이 아닌 물가에서만 산다.

이처럼 우리나라 달팽이들은 몇몇 종을 제외하고 대부분 낙엽 밑이나 습한 땅에서 살고 있다. 하지만 열대 지방에 사는 달팽이들 가운데에는 나무 위에서 사는 종이 더 많다. 비슷한 예로 우리나라 개구리들은 대부분 물가 주변에서 살고 나무 위에서 생활하는 개구리는 청개구리뿐이지만, 열대 지방 개구리들은 주로 나무 위에서

1	2
3	4
5	

1. 제주혹달팽이
2. 울릉금강입술대고둥
3. 뾰족쨈물우렁이
4. 내장산띠달팽이
5. 참달팽이

생활한다고 한다. 달팽이도 이와 비슷하게 나무 위에서 생활하는 경우가 있다. 우리나라 달팽이 중에 **내장산띠달팽이**, **참달팽이**, 북한산달팽이 등이 나무 위에서도 가끔 발견된다.

달팽이가 주로 사는 곳

달팽이는 탄산칼슘이 풍부하고 습기가 많은 곳, 먹이가 풍부한 곳에서 많이 발견된다. 구체적으로 살펴보면 다음과 같다.
① 습하고 어두운 곳 ② 비 온 뒤의 담벼락 ③ 낙엽 아래 ④ 돌 밑 ⑤ 고목 아래 ⑥ 썩은 나무 아래 ⑦ 동굴 안의 벽 ⑧ 석회암 지대 ⑨ 절 근방 ⑩ 섬 지방의 동백나무 숲

달팽이는 어떻게 생겼을까

달팽이는 좋든 싫든 부화하기 전 알 속에서 이미 **껍데기**가 만들어져 세상에 나온다. 무거운 집을 메고 느릿느릿 기어가는 모습이 힘들고 안쓰러워 보이기도 하지만, 껍데기는 달팽이가 살아가는 데 없어서는 안 될 매우 중요한 장치다.

껍데기 안쪽의 부드러운 몸은, 딱딱한 껍데기와 부드러운 '외투막'에 싸여 이중으로 보호를 받는다. 외투막은 내장 전체를 둘러싼 얇은 막으로 껍데기에 상처가 나면 여기에서 탄산칼슘($CaCO_3$) 성분의 수용성 단백질이 분비되어 껍데기를 보수한다. 달팽이의 껍데기가 더 자랄 수 있는 것도 껍데기의 입구(각구) 주변 외투막에서 분비되는 이 물질 덕분이다. 달팽이는 이렇게 단단해진 껍데기를 방패 삼아 천적에게서 공격을 당할 때 재빨리 껍데기 속으로 몸을 숨길 수 있다.

달팽이의 껍데기는 산소통 역할도 한다. 건조한 여름날 몸을 움츠려 껍데기 안으로 들어간 다음, 입구를 **점액**으로 단단히 봉하면 수분이 증발되는 것을 막을 수 있다.

점액으로 입구를 막은 달팽이

달팽이의 외부 모습

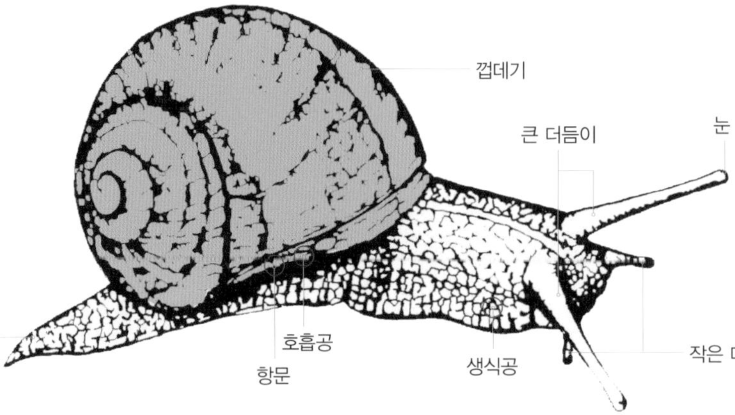

달팽이의 내부 모습

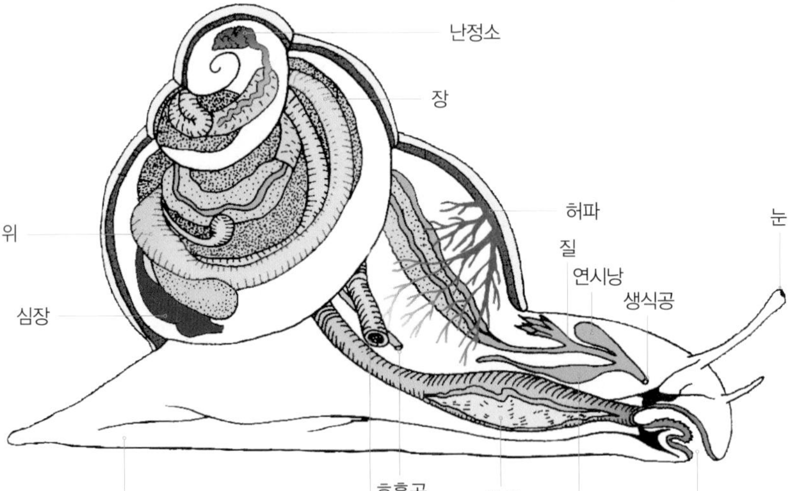

그러나 호흡은 해야 하기에 달팽이는 조그마한 **숨구멍**(호흡공)을 열어서 껍데기 속의 빈 공간(외투강)에 공기를 채우고 이 숨구멍을 닫는다. 그러다가 공기를 다 소모하면 다시 숨구멍을 열어 공기를 채우는 일을 반복하면서 비가 오기만을 기다린다. 추운 겨울에는 몸이 얼지 않도록 보온재 역할까지 한다. 한마디로 달팽이의 껍데기는 잘 만들어진 방호막이면서 냉난방이 잘되는 고급주택인 것이다.

달팽이가 몸을 껍데기 안으로 숨길 수 있는 까닭

달팽이의 몸에는 수많은 근육이 있어 몸을 자유자재로 늘이거나 줄일 수 있다. 우선 머리 쪽에 더듬이 견인근과 인두 견인근이 있는데 이 두 견인근을 합쳐 '머리 견인근'이라 부른다. 이 근육들은 달팽이 머리에 붙은 더듬이의 수축과 이완을 조절하고, 구강을 넓히거나 좁히는 일을 한다. 몸통의 앞쪽에는 '앞쪽 발 견인근'이, 뒤쪽에는 '뒤쪽 발 견인근'이 있어 이완과 수축을 반복하면서 달팽이가 움직일 수 있도록 돕는다. 이 세 견인근은 모두 껍데기의 기둥이라 할 수 있는 각축에 붙은 근육과 연결되어 있어 껍데기와 몸이 절대로 떨어지지 않게 한다.

달팽이 몸의 근육

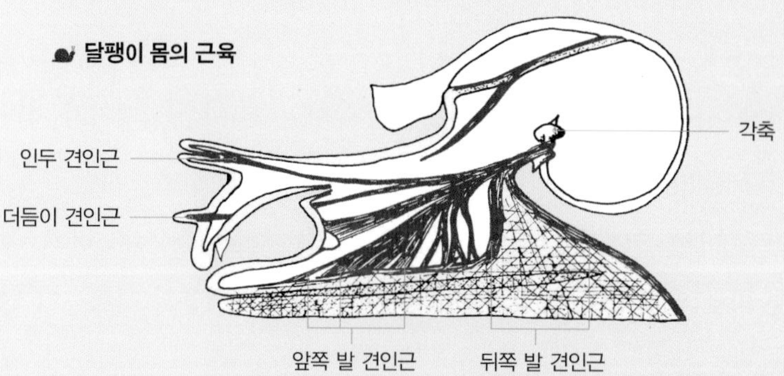

똬리를 감으며 자라는 달팽이 껍데기

뭍에 사는 달팽이나 민물에 사는 우렁이, 바다에 사는 고둥은 모두 조상이 같기 때문에 사는 장소만 다를 뿐 껍데기가 만들어지고 자라는 과정은 동일하다. 그러면 달팽이 껍데기가 자라는 과정을 살펴보자.

달팽이는 몇몇 종을 제외하고 대부분이 알을 낳는 난생(卵生)이다. 껍데기는 어린 새끼가 부화하기 전에 이미 알 속에서 만들어지며, 가장 먼저 생긴 **꼭지**(각정)에서부터 자라기 시작한다. 꼭지의 반대쪽에는 **입구**(각구)가 열려 있어 여기를 통해 머리와 발이 나온다.

부화 후에는 꼭지를 기준으로 껍데기가 감기는 횟수가 점차 늘어나면서 계단과 같은 층을 형성한다. 이 각각의 층을 '**나층**(螺層)'이라 하는데, 나층의 수가 무한히 늘어나지는 않는다. 그리고 나층의 수가 종에 따라 달라서 종을 나누는 기준이 되기도 한다. 어린 달팽이가 어느 정도 자라 성패(成貝)가 된 후에는 더 이상 껍데기가 자라거나 꼬이지 않고 전체적인 몸집만 커진다.

각 나층 중에서 가장 나중에 생긴 것을 '**체층**(體層)'이라 하고, 체층 바로 위의 나층을 '**차체층**(次體層)'이라 하며, 체층과 차체층이 만

껍데기 각 부분의 이름

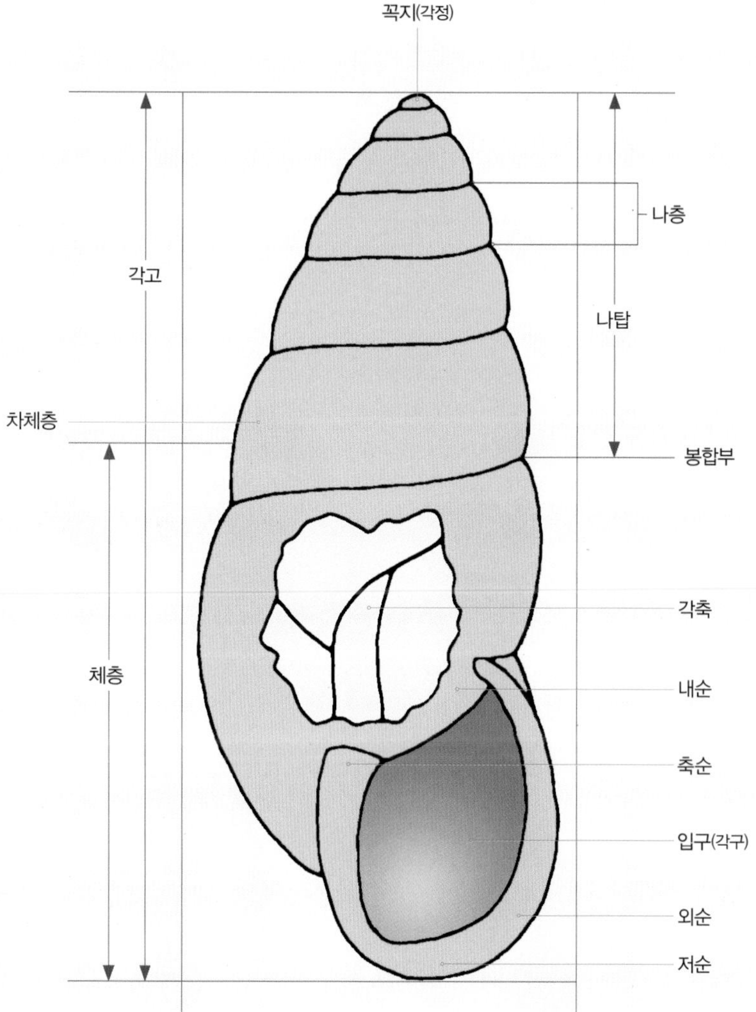

나 움푹 들어간 골을 '**봉합부**(縫合部)'라 한다. 물론 각 나층이 만나는 곳도 봉합부이지만, 체층과 차체층이 만나는 곳이 가장 뚜렷하게 나타난다. 이 골이 깊으면 깊을수록 껍데기는 불룩한 모습을 하게 된다.

달팽이 껍데기의 모양은 방추형, 탑형, 송곳형, 원추형, 구형, 난형(卵形) 등으로 나뉘며, 입구의 모양 또한 원형, 난형, 반달형 등으로 종마다 고유한 형태와 특징을 가지고 있다.

체층에 각이 있는 민둥배꼽달팽이

체층에 각이 없는 남방밤달팽이

봉합이 깊은 제주깨알달팽이

봉합이 얕은 번데기우렁이

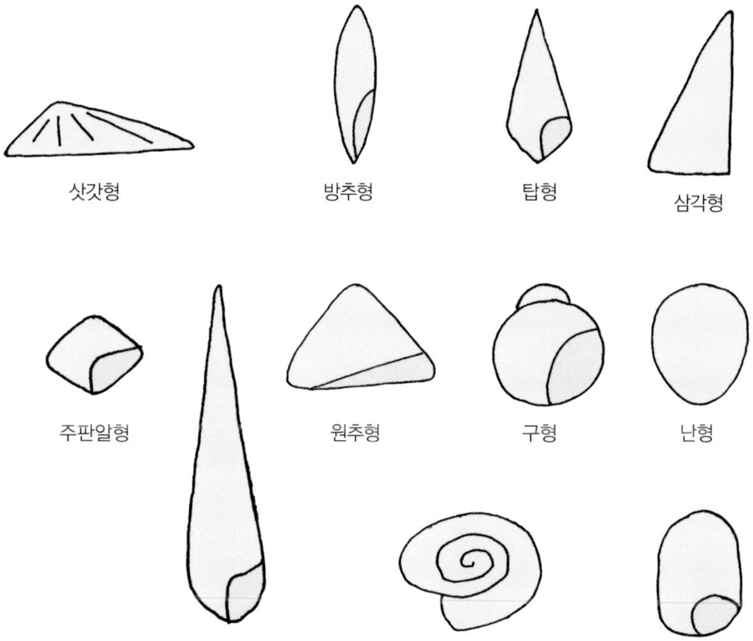

송곳형–금강입술대고둥

탑형–삿갓밤달팽이

낮은원추형–제주배꼽달팽이

원추형–울릉도밤달팽이

우렁이와 달팽이의 차이

우렁이와 달팽이는 연체동물 복족류에 포함된 한 부류의 이름이다. 언뜻 보면 서로 같은 뜻의 이름인 것도 같은데…… 이 이름들의 차이는 무엇일까?

우선 '우렁이'는 물에서 살기 때문에 아가미호흡을 하고, 뚜껑이 있는 종들과 연관이 깊다. 그래서 논우렁이, 강우렁이처럼 '~우렁이'라는 이름이 붙게 되었다. 그런데 물에 사는 물달팽이는 왜 물우렁이라고 부르지 않을까? 그 이유는 비록 물에서 살지만 물달팽이는 공기호흡을 하는 유폐류에 속하며, 뚜껑이 없다.

그럼 이제 뭍에서 사는 '~우렁이'라는 이름을 지닌 종을 보자. 깨알우렁이, 산우렁이, 번데기우렁이는 비록 뭍에서 살지만 여전히 변형된 아가미로 호흡을 하고, 뚜껑이 있다. 이와는 달리 '~달팽이'라는 이름은 거의 모두 공기호흡을 하는 유폐류에서 보이는 공통적인 이름이다. 결국 '~우렁이'는 아가미호흡을 하는 달팽이며, '~달팽이'는 폐호흡을 하는 달팽이다. 그런데 깨알달팽이는 아가미호흡을 하고, 작지만 투명한 뚜껑이 있는데도 '~달팽이'라 부른다. 아마도 크기가 깨알처럼 작고 모양도 비슷한데, '깨알우렁이'라는 이름이 이미 있어 깨알달팽이가 되었는가 보다.

달팽이가 나이를 먹음에 따라 껍데기도 함께 성장한다. 껍데기가 여러 바퀴의 똬리를 틀다 보니, 바닥 쪽 정가운데에 옴폭 들어간 홈이 생기는데 이것이 **배꼽**(제공)이다. 자라면서 배꼽이 막히는 경우도 있지만, 어떤 종은 뒤집어 보면 꼭지까지 쑥 들어가 있는 것도 있다. 대표적으로 배꼽달팽이 무리를 들 수 있으며, 이 배꼽의 깊이와 넓이는 이들을 세부적으로 분류하는 기준이 된다.

달팽이 배꼽의 종류

배꼽이 넓은 달팽이

나사산우렁이

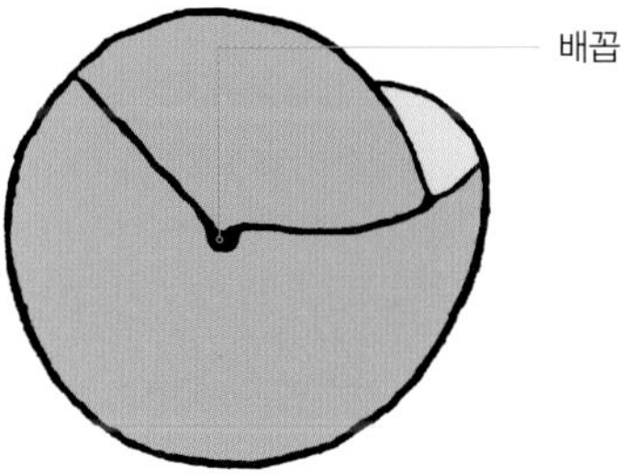

배꼽이 좁은 달팽이

울릉도달팽이

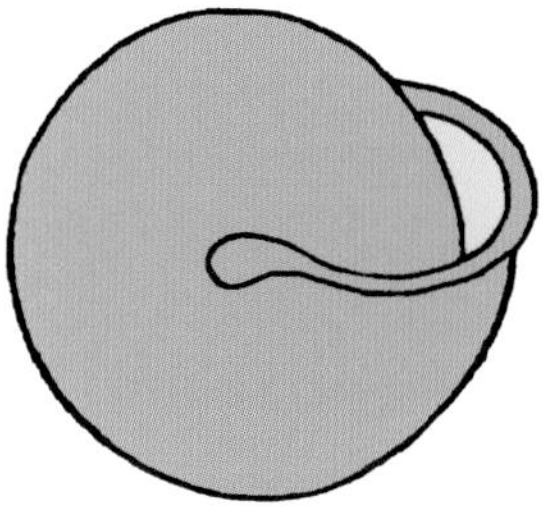

배꼽이 없는 달팽이

북한산달팽이

달팽이의 나이

껍데기가 두 장인 조개류에는 한눈에 몇 년을 살았는지 알려주는 표식이 있다. 껍데기를 잘 들여다보면 나이테처럼 넓거나 좁은 테가 있어서 그것을 헤아리면 조개의 나이를 확인할 수 있다. 마찬가지로, 달팽이의 나층을 눈여겨보면 성장의 흔적이 보인다. 하지만 달팽이는 종에 따라 짧게는 2년, 길어야 5년 정도 살기 때문에 나이 자체가 큰 의미는 없다.

달팽이 껍데기의 뒤틀림과 꼬임 현상

오랜 세월 진화의 결과로 지금의 복족류는 자신의 껍데기 속에 머리를 숨길 수 있는 놀라운 방법을 얻게 되었다. 그리고 이러한 진화는 생물의 발생 과정에서 반복되고 있음을 확인할 수 있다.

복족류의 수정란은 난할(세포분열) 과정을 거쳐 담륜자유생(두족강을 제외한 연체동물이나 환형동물 유생의 한 형태. 몸길이는 수 mm 정도로, 방울 또는 달걀 모양이다)으로 발생한다. 이때까지는 항문과 아가미가 뒤쪽(입 반대편)에 있지만, 발생이 진행될수록 몸이 180도 틀어져 앞쪽(입 쪽)으로 와서 자리를 잡는다. 이때 소화관도 같이 '8자' 모양으로 꼬이는데 이를 '**뒤틀림 현상**(torsion)'이라 한다. 이 현상이 일어나면서 아가미나 콩팥 등 원래 왼쪽에 있던 것들이 모두 오른쪽에 놓이고, 소화기관의 뒤틀림으로 뒤쪽에 있던 여분의 공간(외투강)이 앞쪽으로 이동하여 머리가 껍데기 안으로 들어갈 수 있게 된다.

그런데 이 뒤틀림 현상으로 항문이 앞쪽으로 오면서 자신의 배설물이 오른쪽 아가미를 오염시키는 문제가 발생하였다. 이에 따라 문제를 해결하기 위한 단계별 진화가 일어났는데 이것이 '**꼬임 현상**(coiling)'이다.

꼬임 현상

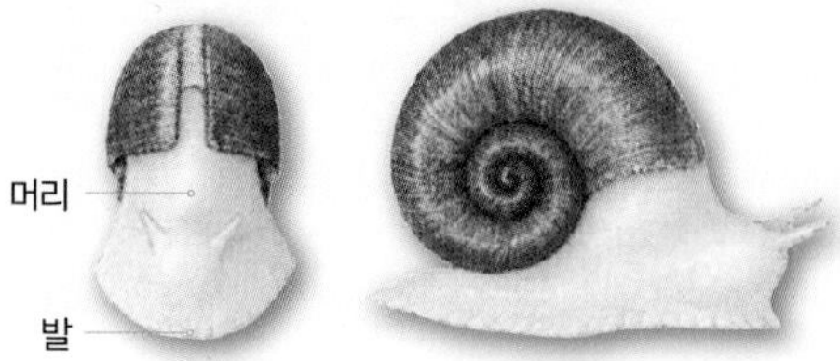

초기 복족류의 껍데기는 편평한 똬리 모양이다.

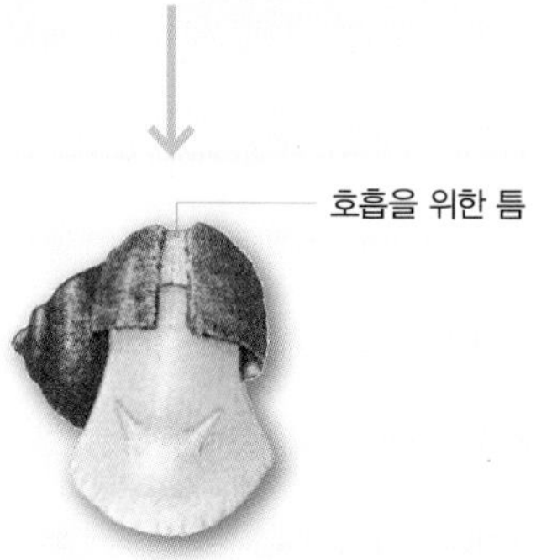

껍데기 모양이 원추형으로 변한다.

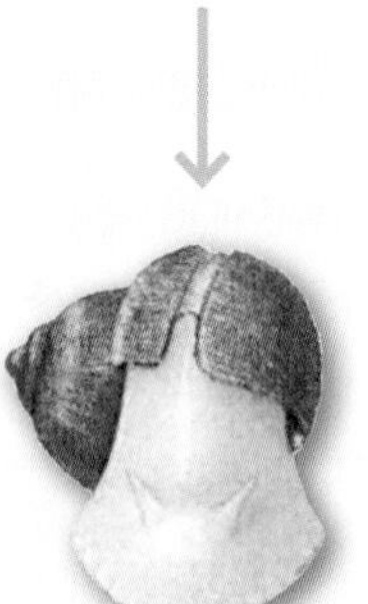

무게 분배를 위해 껍데기가 뒤쪽으로 비스듬히 눕고, 오른쪽 아가미와 신관, 심방이 없어진다.

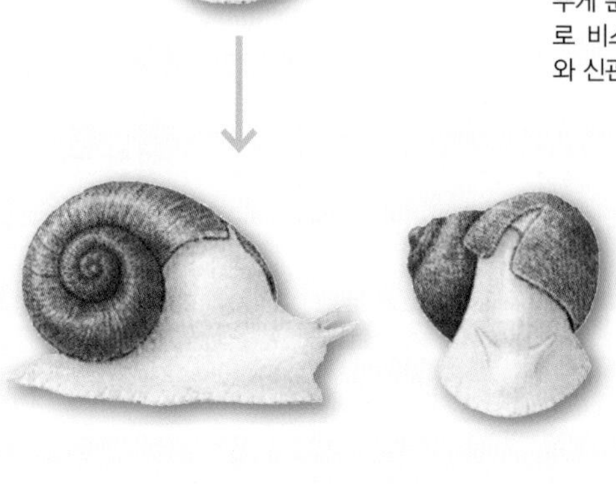

뒤틀림 현상

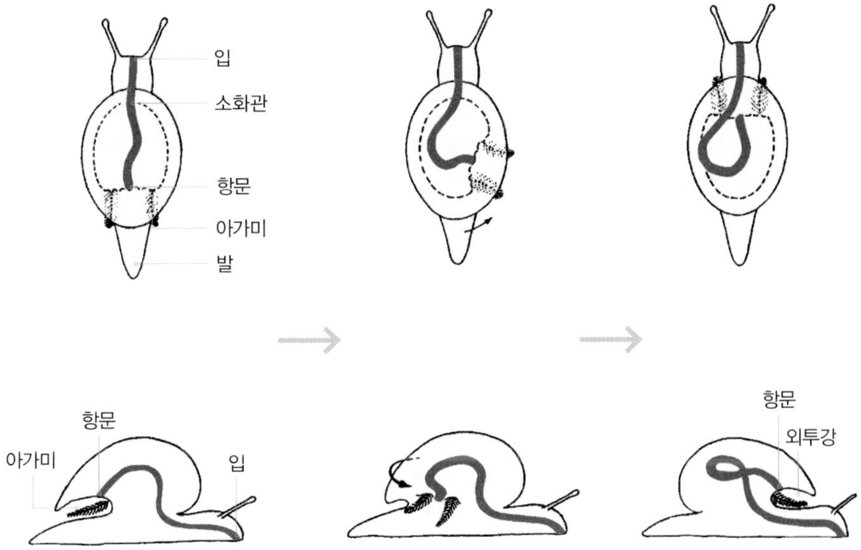

항문과 외투강, 아가미가 뒤쪽에 있다.

항문과 외투강, 아가미가 앞쪽으로 오면서 머리를 껍데기 안으로 집어넣을 수 있게 되었다.

진화가 덜 된 원시 복족류의 껍데기는 납작한 똬리 모양이었다. 그러던 것이 진화가 거듭되면서 다양한 기관의 분화가 이루어졌고, 늘어난 내부 기관을 담을 껍데기가 필요하게 되었다. 결국 납작하던 똬리 모양의 껍데기가 원뿔 모양으로 꼬이면서 여러 층의 나층이 위로 올라갔는데, 이 때문에 다시 무게 분배에 문제가 생겼다. 몸을 짓누르는 껍데기의 무게를 분산하느라 껍데기가 뒤쪽으로 비스듬히 눕게 되었고, 다시 오른쪽 외투막 부분이 눌리면서 그 부분의 아가미, 신관, 심방 등이 없어지고 말았다(왼쪽의 것들은 그대로 남아 있다). 그래서 달팽이를 포함한 대부분의 복족류에게는 오른쪽 기관이 존재하지 않는다. 하지만 이 과정은 뒤틀림 현상의 결과로 생긴 배설물의 오염 문제를 근본적으로 해결해주었으며, 달팽이는 자기 몸을 껍데기 안으로 넣으면서도 비대해진 몸의 균형을 맞출 수 있었다.

오른쪽으로 감기는 달팽이의 껍데기

달팽이의 껍데기는 감기는 방향이 따로 있다. 달팽이의 꼭지(각정)를 위로 오게 하여 위에서 아래쪽으로 내려다보면 감겨 있는 나층의 방향이 대부분 오른쪽(시계 방향)인 것을 알 수 있는데, 이를 '우권(右捲)'이라 하고 여기에 속하는 달팽이들을 '**우권패**(右捲貝)'라 부른다. 반대로, 나층이 왼쪽(시계 반대 방향)으로 감긴 것을 '좌권(左捲)'이라 하고 여기에 속하는 달팽이들을 '**좌권패**(左捲貝)'라 부른다.

우권패와 좌권패를 쉽게 구별하는 방법은 달팽이를 세워서 껍데기의 입구(각구)가 어느 쪽을 향해 열려 있는지 보면 된다. 입구가 오른쪽으로 열려 있으면 우권인 것이고, 왼쪽으로 열려 있으면 좌권이다. 그런데 사람도 오른손잡이가 많고, 식물의 덩굴도 거의 대부분이 오른쪽으로 감긴다. 물론 왼손잡이도 있고, 식물도 칡이나 작두콩 등은 왼쪽으로 감기는 것으로 보아 예외가 있기 마련이지만 실제로 자연계에서는 예외를 찾기가 쉽지 않다. 달팽이 껍데기도 오른쪽으로 감기는 것이 대부분이며, 간혹 왼쪽으로 감기는 것도 있다. 우리나라 달팽이 가운데에는 입술대고둥 무리와 **왼돌이배꼽털달팽이**, 왼돌이깨알달팽이 등 몇 종만이 왼쪽으로 감겨 있다.

오른쪽으로 감긴 껍데기

제수배꼽털달팽이

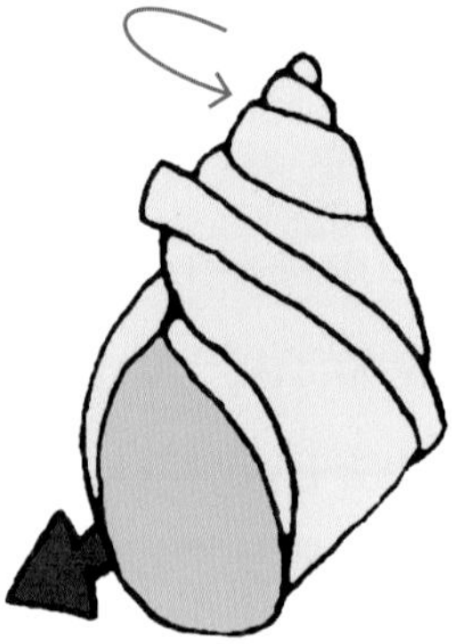

왼쪽으로 감긴 껍데기

왼돌이배꼽털달팽이

달팽이의 보호색, 색대

달팽이 중에는 껍데기에 진한 갈색 띠를 두른 녀석들이 있는데, 이 갈색 띠를 '**색대**(色帶)'라 부른다. 그러면 이 색대는 달팽이들에게 어떤 역할을 하는 걸까.

우리나라 달팽이 무리 가운데 색대를 가지는 달팽이들은 거의 모두 달팽이과(科)에 속하는 종류이다. 대체로 크기가 커서 들쥐나 새들의 좋은 먹이가 된다. 그래서 달팽이의 색대는 포식자들의 눈에 잘 띄지 않도록 보호색 구실을 하는 것으로 보인다.

색대는 체층의 위에서 아래 방향으로 나타나는 순서에 따라 **상주연대**(1), **주연대**(2), **저대**(3), **제대**(4)의 네 가지로 나눈다. 만약 주연대에만 색대가 있는 경우는 0200형으로 분류하고, 주연대와 저대에 색대가 있는 경우는 0230형으로 분류한다. 또 상주연대에만 색대가 없으면 0234형, 주연대와 제대에만 색대가 있으면 0204형 등으로 분류한다. 가끔 같은 종이라도 색대에 차이가 있는 변이형이 나타나기도 한다. 열대 지방에 살고 있는 달팽이들 중에는 뚜렷하고 아름다운 띠를 두르고 있는 것이 많다.

달팽이의 색대

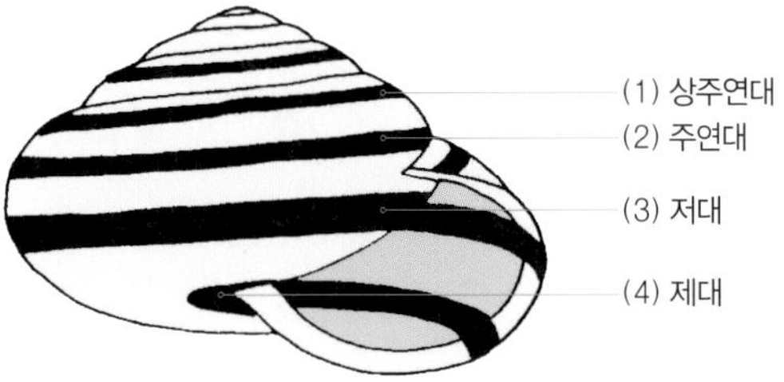

여러 가지 색대

1234형

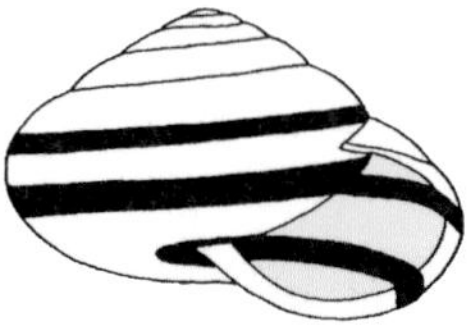
0234형

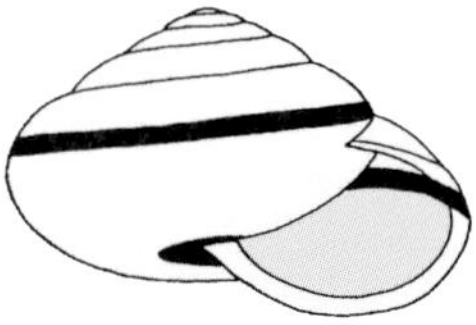
0204형

1230형

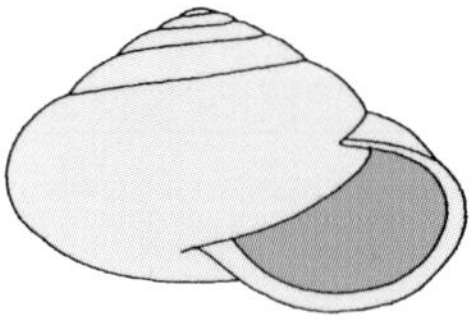
0000형

0230형 동양달팽이

0200형 북한산달팽이

0204형 충무띠달팽이

예쁜 띠를 두른 것으로 유명한 '쿠바나무달팽이'

껍데기 없는 달팽이, 민달팽이

달팽이의 껍데기는 몸 안의 수분이 마르는 것을 막아주고 천적으로부터 몸을 보호하는, 다른 동물에서는 보기 힘든 중요한 기관이다. 따라서 달팽이는 절대로 껍데기를 바꿀 수 없으며, 잠깐 동안이라도 껍데기를 벗어던지고 맨몸이 될 수 없다. 이렇게 중요한 껍데기지만 때에 따라서 몸을 숨기거나 이동하는 데 여간 성가신 것이 아니다. 그래서 껍데기를 과감히 벗어버리고 거꾸로 진화를 한 무리가 있으니, 이들이 바로 **민달팽이**다.

다른 동물 가운데에도 민달팽이처럼 퇴행진화를 한 경우가 있는데, 바다에 사는 물개나 돌고래 등이 그러한 예에 속한다. 땅에서 살다가 다시 바다로 돌아가 적응하였기 때문이다. 민달팽이 무리는 이렇게 껍데기를 벗어던짐으로써 덩치도 커지고 훨씬 더 자유롭게 활동할 수 있게 되었지만, 몸을 보호해줄 장치가 없어 상처를 입을 가능성이 높아졌다. 그래서 몸을 둘러싸고 있는 외투막이 두꺼워지고 껍데기를 가진 달팽이보다 더 많은 양의 점액을 분비하게 되었다.

우리나라에는 민달팽이과(科)와 뾰족민달팽이과에 속하는 민달팽이 무리가 있다. 민달팽이과의 달팽이는 몸 안에 껍데기의 흔적이 전혀 없으며, 뾰족민달팽이과의 달팽이는 등 안쪽에 콘택트 렌즈 모양의 **흔적**(노란색 원 안)이 남아 있다. 원래 민달팽이과에 속하는 달팽이들은 동남아시아가 원산지고 옛날부터 우리나라에서도 살고 있었다. 그러나 뾰족민달팽이과에 속하는 달팽이들은 모두 유럽이 원

↑ 민달팽이
→작은뾰족민달팽이

산지로 최근에 우리나라에 들어왔다. 언제 어떤 경로로 국내에 들어왔는지 정확히 알 수는 없지만, 원목이나 원예작물을 수입하는 과정에서 묻어 들어온 것으로 여겨진다. 지금은 급속하게 그 수가 늘어나 작물에 해를 끼치는 '해충'으로 취급 받고 있다.

털이 난 달팽이

달팽이는 기본적으로 두꺼운 껍데기를 둘러쓰고 있다. 그런데 그것도 부족하여 예리하고 딱딱한 껍데기가 변한 털을 뒤집어쓰고 몸을 방어하는 종류도 더러 있다. 대표적으로 제주배꼽털달팽이를 들 수 있다. 달팽이는 제 몸을 보호하기 위해 털이 발달했지만, 우리들의 눈에는 다른 달팽이에 비해 훨씬 맵시가 있어 보인다.

금강곳체배꼽달팽이

제주배꼽털달팽이

달팽이가 지나간 자리에 남는 것은

달팽이는 발 근육의 꿈틀거림(파동)으로 이동한다. 달팽이가 기어가는 것을 유심히 살펴보면 발바닥의 꿈틀거림이 항상 뒤쪽에서 시작해 앞쪽으로 가면서 연속적으로 일어나는 것을 알 수 있다. 이렇게 근육이 꿈틀거리면서 나아가기 때문에 달팽이는 절대 빨리 움직이지 못한다. 그래도 달팽이가 미끄러지듯 기어갈 수 있는 것은 달팽이의 발바닥에서 분비되는 **점액** 덕분이다.

발바닥에는 점액을 분비하는 수많은 점액세포가 있는데 여기에서 분비된 점액이 액체 상태에서는 매끄럽게 나아갈 수 있게 하는 윤활유, 반고체 상태에서는 근육이 꿈틀거릴 수 있도록 닻의 역할을 한다. 다시 말해 발바닥의 앞과 뒤에서 분비된 점액이 액체 상태와 반고체 상태를 반복하고, 고체 상태의 점액에 힘을 실어 앞으로 나아갈 수 있게 하는 것이다.

달팽이는 표면이 매끄러운 곳을 좋아한다. 표면이 매끄러우면 적은 양의 점액만으로도 쉽게 이동할 수 있지만, 표면이 거칠면 다치지 않도록 점액을 많이 분비해야 한다. 달팽이가 예리한 칼날을 부드럽게 타고 넘을 수 있는 것도 보통 때보다 많은 양의 점액을 분비

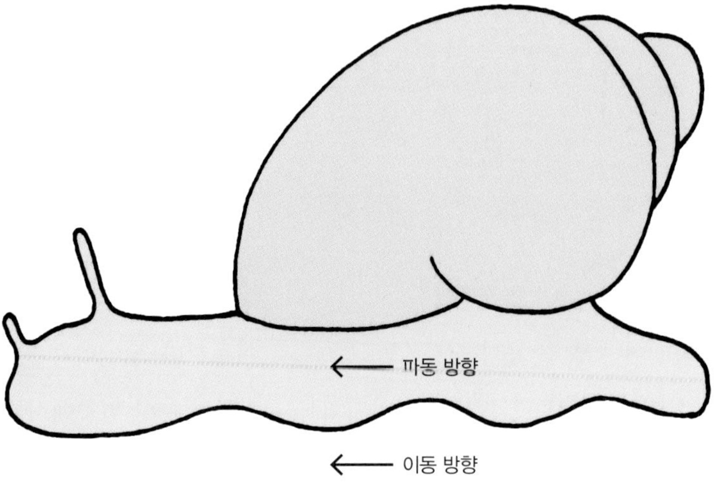

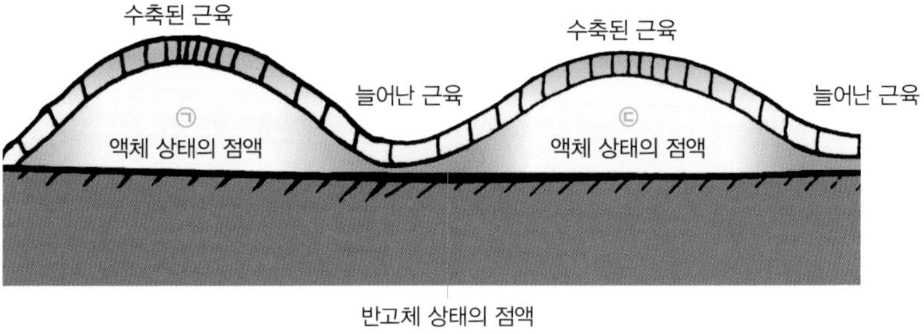

달팽이의 이동 방법

달팽이 발바닥에서 분비되는 점액은 달팽이가 이동하는 동안 그 성질이 계속 변한다. 움직이는 달팽이의 발바닥은 그림과 같은 모양이 되는데, ㄱ은 액체 상태의 점액이 있는 곳이고, ㄴ은 액체였던 점액이 마르면서 끈끈한 고체 상태가 된 곳이다. 이곳을 닻으로 해서 발바닥의 파동이 밀려와 앞으로 나아가고, ㄷ에서 미끈거리는 점액으로 바뀌어 뒤쪽의 발바닥이 쉽게 끌려오게 한다. 이러한 파동과 점액의 변화는 달팽이가 이동하는 동안 발바닥 전체에서 생성과 소멸을 동시에 반복한다.

해 칼날이 발바닥에 직접 닿게 하지 않기 때문이다. 그래서 언제나 달팽이가 지나간 자리에는 발바닥에서 분비된 점액 자국이 길게 남아 있다.

달팽이의 점액

달팽이는 자극을 받으면 몸을 방어하기 위해 점액을 분비하지만, 평소에는 쉽게 기어갈 수 있도록 점액을 분비한다. 바닥을 기어갈 때 점액 자국이 남는 것을 볼 수 있는데, 이 점액 덕분에 달팽이는 긁히거나 베이지 않고 미끄러지듯 이동할 수 있다.

민달팽이의 점액

점액의 다양한 역할

달팽이의 몸에서 점액이 분비되는 장소는 크게 네 곳이다. 발바닥뿐만 아니라 머리, 몸, 꼬리 등 껍데기 밖으로 나와 있는 부위에서 점액을 분비한다. 언뜻 달팽이의 몸이 맨살처럼 보이지만 실은 아주 가는 **섬모**와 두꺼운 **점액층**으로 덮여 있다.

달팽이의 피부 모습

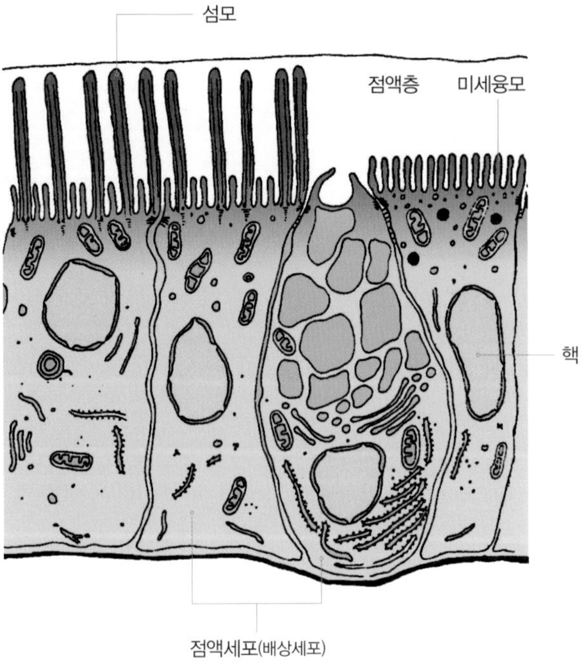

점액은 달팽이의 몸에서 수분이 증발하지 않도록 할 뿐 아니라 겨울잠을 잘 때 몸이 얼어 터지는 것을 막는다. 또 점액 속에는 사람의 침이나 눈물, 콧물에 들어 있는 라이소자임(lysozyme) 같은 항세균 물질이 들어 있어 세균에 감염되는 것을 막는다. 그리고 포식자가 달려들면 순간적으로 많은 양의 점액을 분비하여 포식자의 입을 둔하게 만들고 도망갈 시간을 번다.

점액은 소화를 돕기 위해 소화기관에서도 분비된다. 흡수가 끝난 먹이 찌꺼기는 창자와 직장 벽에서 분비하는 점액에 묻어 가늘고 긴 덩어리가 되어 몸 밖으로 방출된다. 달팽이가 짝짓기를 할 때도 점액이 분비되는데, 달팽이과에 속하는 종의 수컷 생식기 옆에는 포도송이처럼 생긴 점액샘에서 점액이 분비되어 상대방 달팽이의 생식기가 들어갈 때 윤활제 역할을 한다.

더듬이 끝에 달린 달팽이의 눈

같은 복족류라도 눈이 어디에 붙어 있는가에 따라 다시 나뉜다. 눈이 더듬이 아래에 있으면 **기안목**(基眼目)이라 하고, 더듬이 끝에 있으면 **병안목**(柄眼目)이라 한다.

과거 기안목에 속하였던 양귀비고둥은 단지 한 쌍의 더듬이만을 갖고 있으며, 눈은 이 더듬이 아래에 있다. 반면 병안목에 속하는 북한산달팽이나 **동양달팽이** 등은 머리에 **큰 더듬이**(대촉각) 한 쌍과 그 아래에 **작은 더듬이**(소촉각) 한 쌍이 있고, 큰 더듬이 끝에 '공안(孔眼)'이라는 둥근 **눈**이 있다. 이 눈은 수정체와 망막 그리고 보조 망막으로 구성되어 있고, 그 둘레를 시신경이 에워싸고 있다. 세상에 더듬이 끝에 눈이 붙어 있는 생물은 이들밖에 없다.

달팽이의 큰 더듬이 속에는 촉각 신경과 더듬이를 잡아당기는 근육(더듬이 견인근)이 더듬이 끝부분까지 연결되어 있어, 평상시에는 이완되어 있다가 자극을 받으면 더듬이를 확 잡아당겨서 눈이 안으로 말려 들어가게 한다.

동양달팽이의 수축된 눈

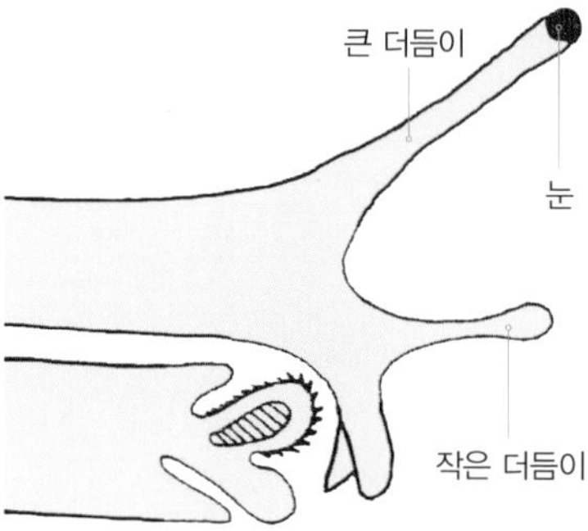

🐌 **눈이 더듬이 끝에 있는 병안목**

동양달팽이

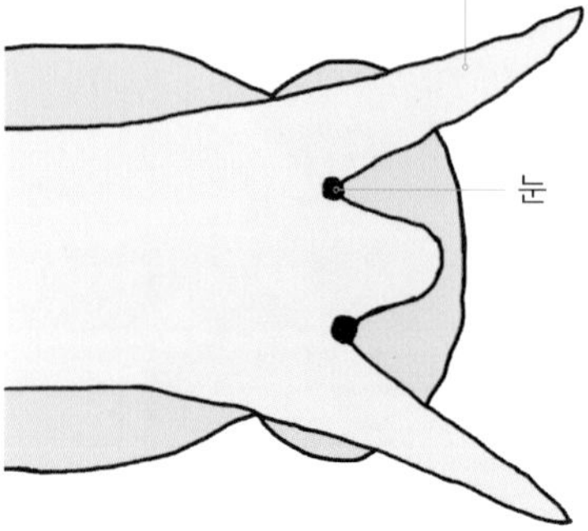

🐌 **눈이 더듬이 아래에 있는 기안목**

둥근혹달팽이

연체동물은 커다란 신경을 가진다

신경의 여러 가지 원리를 밝히는 신경생리학 분야에서는 오징어나 민달팽이의 신경을 실험 대상으로 주로 사용하는데, 그 이유는 이들의 신경 지름이 1밀리미터가 넘어 신경의 구조나 흥분 전달의 원리를 밝히기 쉽기 때문이다. 특히 오징어나 문어와 같은 두족류의 눈 구조는 사람의 것과 매우 비슷하다고 한다.

달팽이의 감각기관, 더듬이와 평형포

달팽이의 눈은 수정체와 망막 등 눈이 갖추어야 할 것은 다 갖추고 있지만, 시력이 매우 나빠서 색깔을 구분하지 못하고 다만 어둡고 밝은 정도만을 느낄 뿐이다. 그러니 실제로 주위 환경, 곧 온도나 습도, 바람, 냄새 등은 작은 더듬이에서 도맡아 감지한다.

달팽이에게는 눈과 더듬이 외에 몸이 뒤집어지거나 기울어지는 것을 감지하는 기관이 있는데, 이를 '평형포(平衡胞)'라 한다. 사람은 속귀에 세반고리관과 전정기관이 있어 몸의 회전과 위치를 감지하는 반면, 달팽이는 발바닥에 있는 한 쌍의 평형포로 그 기능을 대신한다. 평형포는 지름이 200마이크로미터(㎛, 1㎛는 0.001mm) 정도로 둥근 모양이다. 평형포 안에는 납작한 '평형석(平衡石)'이 액체에 잠겨 있어 달팽이가 몸의 평형을 유지하는 데 중요한 기능을 한다.

그런데 갯가의 바위에 붙어서 사는 삿갓조개나 배무래기 같은 해산 복족류 무리에서는 평형포를 찾을 수가 없다. 이들이 대부분 고착생활을 하므로 몸의 균형을 잡아줄 평형포가 필요 없게 되었기 때문이다. 평형포도 근육처럼 쓰면 쓸수록 발달하지만 쓰지 않으면 퇴화하고 마는 것이 자연의 순리인 것이다.

삿갓조개 무리인 진주배말

달팽이가 뿔싸움을 한다

가끔 달팽이의 머리 끝에 붙은 네 개의 더듬이가 서로 엉키듯이 꿈틀거리릴 때가 있다. 이 모습이 더듬이끼리 다툼을 하고 있는 것처럼 보인다고 해서 사소한 일로 다투거나 작은 나라끼리의 싸움을 '달팽이 더듬이끼리의 싸움(와우각상전)'에 비유한다. 하지만 달팽이에게는 큰 더듬이를 움직여서 보고, 작은 더듬이로는 냄새나 온도 변화, 바람, 장애물 등을 느끼는 중요한 행동이다.

달팽이는 무엇을 먹을까

달팽이는 주로 풀을 갉아 먹으며 산다. 밭가에 사는 녀석들은 배추, 무는 물론이고 어린 옥수수까지도 떼를 지어 먹어 치운다. 달팽이를 전공하는 필자도 정성을 다해 키우는 배추에 달팽이들이 달려들어 그것을 사정없이 갉아 먹는 모습을 발견하고 무척 당황했던 경험이 있다. 어쨌든 이렇게 밭가에 살게 된 달팽이는 채소를 먹지만, 숲이나 바위가 많은 곳에 사는 달팽이들은 바위에 자라는 이끼나 반쯤 썩은 가랑잎, 나무 둥치, 나무토막 등 거의 먹지 않는 것이 없다.

민달팽이라 부르는 껍데기 없는 달팽이 무리는 채소도 먹지만 특히 버섯을 좋아한다. 그래서 채소를 키우는 농부들뿐 아니라 버섯을 키우는 사람들은 달팽이를 더더욱 미워한다. 이들에게는 달팽이가 '해충'이기 때문이다. 한 술 더 떠서 **산민달팽이**는 사람이 먹으면 단번에 요절이 날 독버섯까지도 아주 맛있게 먹어 치운다. 그 말은, 산민달팽이가 독버섯의 독을 분해하는 효소를 가지고 있다는 얘기다. 그렇다면 산민달팽이의 해독 물질을 뽑아내 독버섯에 대한 해독제를 만들 수 있을지도 모른다.

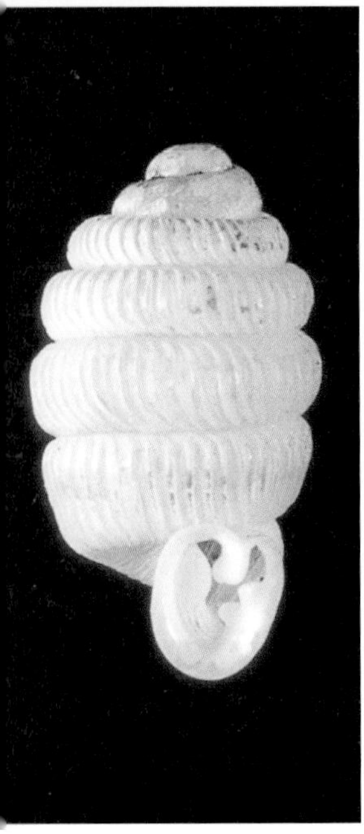

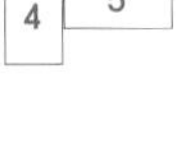

1. 오이를 먹고 있는 달팽이
2. 어린 산민달팽이
3. 버섯을 먹고 있는 동양달팽이
4. 주름번데기
5. 외국의 육식 민달팽이(*Testacella*)

한편, 달팽이들 가운데에는 육식을 하는 **주름번데기**가 있다. 이 녀석들은 먹이를 직접 사냥해서 먹지는 않고 죽은 벌레만을 먹는다. 그런데 이 주름번데기가 얼마나 빠르게 움직이는지 모른다. 달팽이도 육식을 하는 녀석은 행동이 무척 재빠르다. 육식동물이 포악하고 민첩한 것에 비하면 초식동물은 순박하고 행동도 굼뜬 편이 아닌가. 행동의 민첩성에는 먹이도 관계가 있다.

달팽이가 신문지를 먹어 치운다

염소가 종이를 먹는 것은 누구나 알고 있지만, 달팽이가 종이를 먹는다는 사실은 잘 알려져 있지 않다. 놀랍게도 실제로 달팽이는 풀이나 채소 외에 신문지 같은 종이도 너끈히 먹어 치울 수 있다.

섬유소로 된 종이를 분해하는 데는 섬유 분해 효소(셀룰라아제)가 있어야 한다. 대부분의 초식동물은 오로지 되새김위나 맹장에 사는 미생물이 분비한 분해 효소로 섬유소를 분해한다. 그러나 사람은 되새김위와 맹장이 모두 퇴화해 섬유소를 분해하지 못한다.

달팽이를 채집 병 속에 넣었을 때 병 속에 깔아놓은 신문지를 먹는 모습을 볼 수 있다. 이렇게 종이를 먹는 것은 달팽이의 몸에서 직접 섬유 분해 효소를 만들어내기에 가능한 일이다. 미생물이 아닌 동물이 섬유 분해 효소를 만들어내는 경우는 매우 드물기 때문에 이 효소를 연구하는 데 있어 달팽이가 우선 대상임은 말할 필요도 없다.

달팽이는 이빨로 먹이를 먹는다

껍데기가 두 장인 조개 무리를 제외하고 모든 연체동물은 이빨과 혀의 기능을 하는 '**치설**(齒舌)'이 있다. 달팽이의 치설은 유연하면서도 질긴 막 위에 작은 이빨들이 줄지어 붙어 있으며, 먹이를 자르거나 긁어모아 식도로 넘기는 역할을 한다. 수조 안의 다슬기를 잘 들여다보면 끊임없이 입을 오물거리고 있는데, 이는 수조 벽에 생긴 이끼를 치설로 긁어 먹는 것이다. 보통 수조에 다슬기나 물달팽이 등을 넣어두는 것은 수조 벽에 끼는 이끼를 없애기 위함이다.

달팽이의 치설 관찰하기

달팽이의 입 부분을 통째로 칼이나 가위로 떼어 그것을 5퍼센트의 수산화칼륨(KOH) 용액에 하룻밤 재워두면, 살은 다 녹아버리고 탄산칼슘인 치설만 남는다. 이것을 현미경으로 관찰하면 사진과 같은 치설을 볼 수 있다.

현미경으로 본 달팽이의 치설

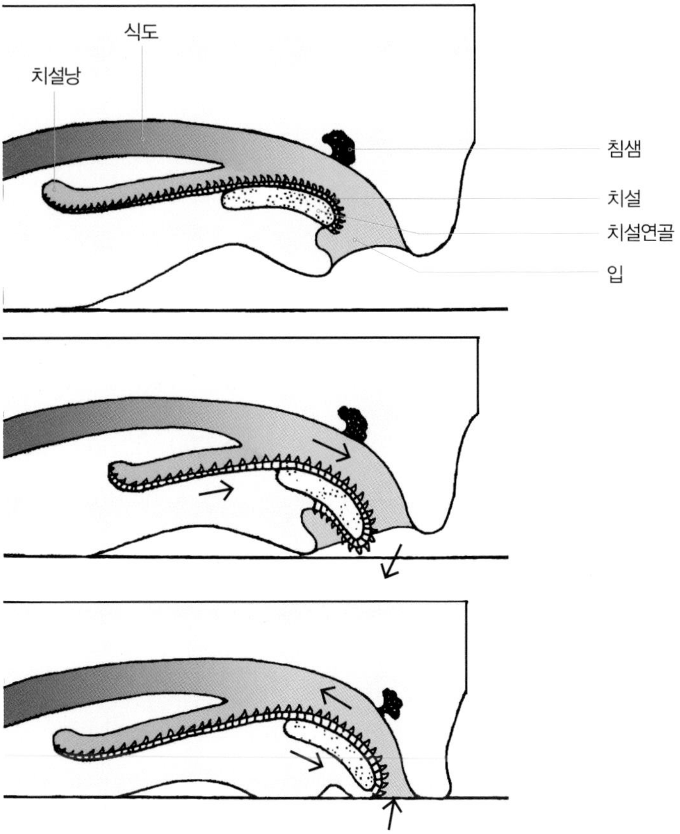

달팽이가 이빨(치설)로 먹이를 먹는 모습

이처럼 끊임없이 먹이를 갉아 먹다 보면 치설이 닳는데, 달팽이의 이빨은 토끼나 쥐의 이빨처럼 계속 자라지 않는다. 대신 입 뒤쪽에 치설을 만드는 '**치설낭**(齒舌囊)'이라는 주머니에서, 닳아 못 쓰게 된 만큼 밑에서부터 자라 나온다. 달팽이의 치설은 종에 따라 그 크기와 모양, 개수, 배열이 다 달라서 종을 분류하는 기준이 되기도 한다.

달팽이의 숨쉬기

살아 있는 조개의 껍데기를 열면 껍데기 안쪽에 얇은 막이 붙어 있는 것을 볼 수 있다. 이것을 '외투막(外套膜)'이라 하는데, 달팽이에게도 외투막이 있다. 달팽이가 땅에 살기 시작하면서 아가미가 없어지고, 외투막이 허파의 기능을 담당하면서 남게 된 것이다.

외투막으로 이루어진 빈 공간을 외투강이라 하는데, **호흡공**으로 들어온 공기는 외투막에 밀집된 모세혈관을 통해 가스교환을 한다. 공기 중의 산소가 외투막 내의 모세혈관으로 유입되려면 반드시 외투강 내의 습도가 높아야만 하므로 달팽이가 습기가 많은 곳을 좋아하는 것이다.

한편, 동물이 생명 활동을 하기 위해서는 호흡하여 들이마신 산소를 운반하는 물질이 필요하다. 이를 호흡 색소라 하는데 여기에는 헤모글로빈이나 헤모시아닌 따위가 있다. 사람의 피가 붉게 보이는 것은 혈액 속에 '헤모글로빈(hemoglobin)'이라는 붉은 색소가 들어 있기 때문이고, 대부분의 연체동물은 헤모글로빈이나 무색에 가까운 '헤모시아닌(hemocyanin)'을 가지고 있다.

물에 사는 달팽이들은 모두 헤모시아닌을 가지고 있어 상처가

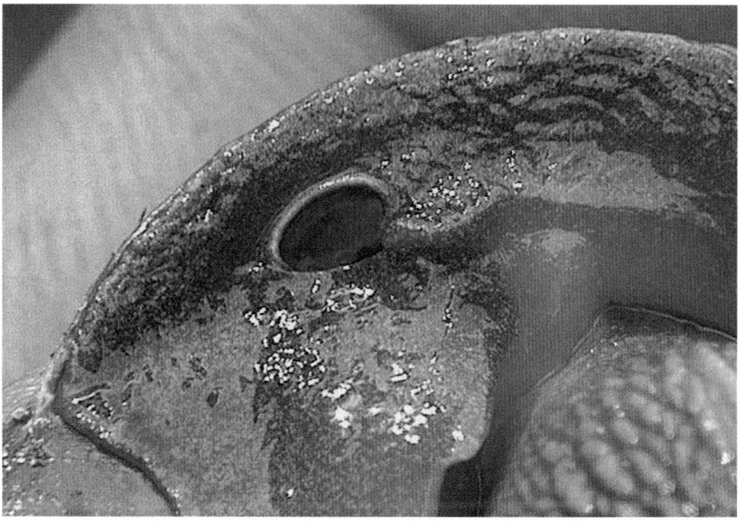

동양달팽이의 호흡공

또아리물달팽이류

나도 피가 나지 않는 것처럼 보인다. 예외적으로 민물에 사는 **또아리물달팽이류**는 헤모글로빈을 가지고 있어 껍데기까지 붉게 보인다. 이들은 공기호흡을 하므로 물속에 있다가도 주기적으로 수면 위로 올라와야 한다.

공기호흡과 호흡 색소의 관계

또아리물달팽이 무리는 물속에서 살지만 호흡하는 방법은 달팽이와 같다. 수면 위로 올라와 외투강 속에 공기를 채운 뒤 호흡공을 닫고는 다시 물속으로 들어간다. 그런데 수면 위로 올라와 호흡을 한다고 해도 이는 헤모글로빈과는 상관이 없으며, 유독 이 종만이 사람과 같은 붉은색의 호흡 색소를 지니고 있을 뿐이다. 절지동물인 물방개도 달팽이와 호흡하는 방법이 비슷하지만, 물방개는 몸속에 공기를 담는 기관이 없어 꼬리에 기포를 만들어 달고 다닌다. 이들의 호흡 색소는 헤모시아닌이다.

달팽이는 암수한몸이다

달팽이를 잘 관찰하면 몸에 모두 네 개의 열린 구멍이 있는 것을 볼 수 있다. 우선 머리 아랫부분에는 먹이를 먹고 삼키는 입이 있고, 껍데기의 입구(각구) 아래에는 숨을 쉬는 **호흡공**이 있어서 호흡을 할 때마다 이 구멍이 열리고 닫힌다. 그리고 머리 옆쪽에는 **'생식공**(生殖孔)'이 있는데 이곳은 음경(陰莖)을 내거나 알을 낳는 통로로 이용된다. 마지막으로 생식공 아래에 **'배설공**(排泄孔)'이라고 하는 항문이 있어서 이곳으로 노폐물이 배출된다.

이 가운데 생식공은 달팽이의 머리 오른편 가운데쯤에 있어서 짝짓기가 끝난 녀석을 유리판 위에 올려놓고 관찰하면, 동그랗고 새하얀 알이 머리 쪽에서 계속해서 쏟아져 나오는 것을 볼 수 있다. 그래서 처음에는 '엉뚱한 곳에서 알이 나온다!'는 생각이 들기도 한다.

달팽이 무리는 모두 암수한몸(자웅동체)이라 제 몸에 난소와 정소를 다 가지고 있으며, 생식공으로는 짝짓기 때 음경을 내어 정자를 교환하기도 하고 알도 낳는다. 생식공으로 음경을 내고 알도 낳는다니 의아스럽지 않은가. 하지만 하등한 동물 가운데에는 암수의 생식기를 함께 갖는 종류가 꽤 많다. 우리가 잘 알고 있는 지렁이나

달팽이의 몸에 있는 구멍들의 위치

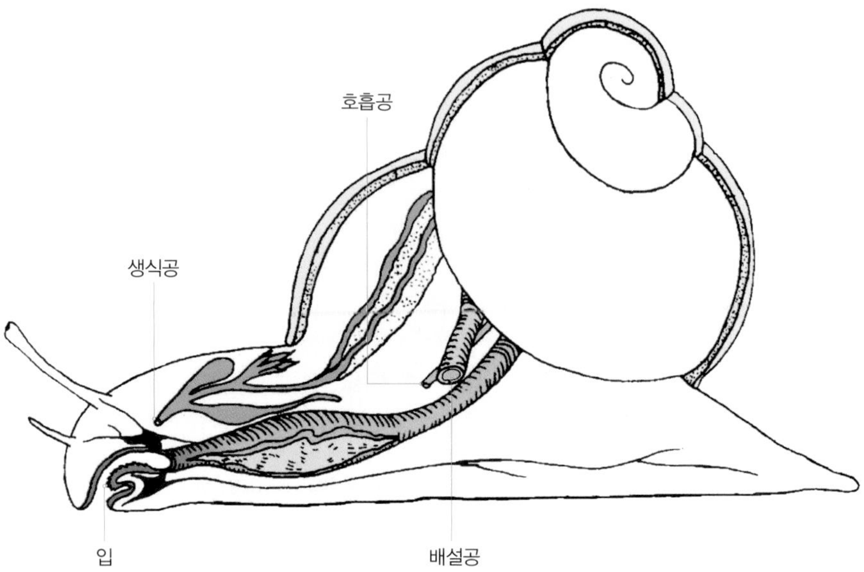

플라나리아 등도 그런 무리에 속한다.

흥미로운 사실은, 달팽이들은 짝짓기를 할 때 반드시 서로의 정자를 교환한다는 점이다. 제 몸에서 난자와 정자를 다 만들어내지만, 제 것으로 수정하지 않고 남의 정자를 받아 수정하는 것이다. 물론 짝을 찾지 못했을 경우에는 어쩔 수 없겠지만 굳이 달팽이가 남의 정자를 이용해 수정을 하는 이유는 가까운 유전자끼리 결합하면 형질이 나쁜 자식이 나온다는 사실을 본능적으로 알기 때문이다. 이러한 현상은 대부분의 식물에서도 발견할 수 있는데, 이는 종족 보존의 입장에서 보면 매우 유리한 현상이라고 할 수 있다.

'사랑의 화살'을 쏘는 달팽이의 짝짓기

암수한몸인 달팽이는 상대방의 정자를 받아들이는 것과 동시에 자신의 유전자를 퍼뜨리기 위해 제 몸 안의 정자를 상대방에게 전달한다. 그래서인지 달팽이의 생식기(음경)는 몸에 비해 무척 발달한 편이다. 어떤 민달팽이류는 자신의 몸길이보다 3~4배나 더 긴 음경이 있다. 아무튼 달팽이들의 음경을 포함한 생식기는 종에 따라 구조가 조금씩 다르기 때문에 종을 분류하는 데 중요한 자료로 이용된다.

달팽이는 주로 6~8월 사이에 짝짓기를 하며, 밤보다는 낮에 그리고 비가 오는 날에 짝짓기를 한다. 달팽이가 비가 오는 날을 좋아하는 이유는 짝을 만나기 위해 먼 곳까지라도 이동을 해야 할 때 땅이나 나무가 젖어 있으면 쉽게 기어갈 수 있기 때문이다.

달팽이는 짝짓기 상대를 만나면 발의 앞부분을 들어 발바닥이 보이게 하고 상대방의 입과 더듬이를 문지른다. 이러한 행위는 약 30분간 이어지고, 상대방이 짝짓기할 준비가 되었다 싶으면, **'연시(戀矢)'**라고 하는 사랑의 화살을 상대방 몸통의 오른쪽이나 발 부분에 찔러 넣는다.

짝짓기 전의 행위로 자극을 받은 달팽이는 음경을 돌출시켜 상대방의 생식공 안에 집어넣고 서로의 정자를 교환한다. 어느 동물이나 수컷이 짝짓기 전에 갖은 수단을 동원해서 암컷을 흥분시키는데, 달팽이들은 상대방의 몸에 '화살'을 쏘아 서로를 흥분시킨다니 별난 사랑이 아닐 수 없다.

또한 달팽이 중에는 한 번의 짝짓기로 끝나지 않고 여러 마리와 짝짓기를 하는 다혼성(多婚性) 달팽이가 있다. 우리가 흔히 아는 달팽이 무리는 평균 5.5마리와 짝짓기를 한다.

달팽이의 연시

탄산칼슘이 주성분인 연시는 상대방에게 성적인 자극을 주기 위한 도구로, 끝이 뾰족하고 긴 칼처럼 생겼다. 한 번 사용된 연시는 몸에서 완전히 빠져나가기 때문에 짝짓기가 끝난 자리에는 이것이 즐비하다. 연시는 다음 해 짝짓기를 하기 전에 다시 만들어진다.

달팽이의 짝짓기

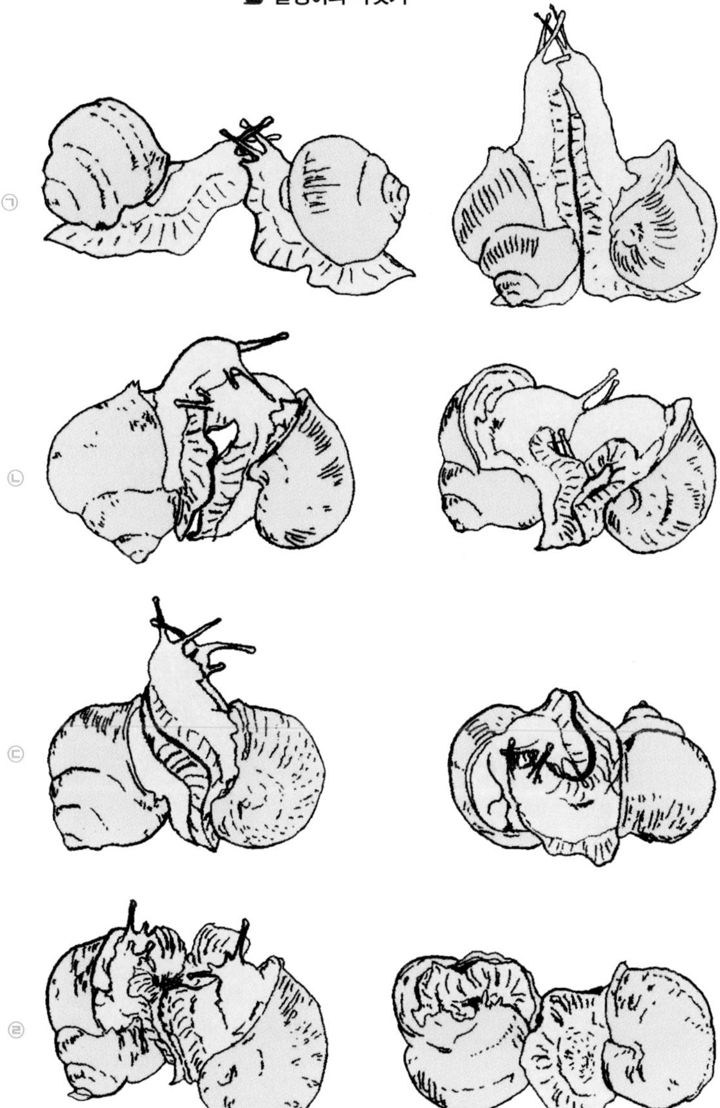

ㄱ 예비동작 → ㄴ 연시를 상대방에게 쏜다 → ㄷ 서로 몸을 꼬며 일어선다 → ㄹ 서로의 정자를 교환한다

1	2
3	4

1. 달팽이의 짝짓기
2. 동양달팽이의 짝짓기
3. 남방밤달팽이의 짝짓기
4. 거제외줄달팽이의 짝짓기

복잡한 달팽이의 생식기

짝짓기를 하는 달팽이의 생식기에는 제 난자와 정자 그리고 짝짓기를 하여 받은 상대방의 정자가 동시에 존재하는 복잡한 시기가 있다. 그럼 각각이 어떻게 만들어지며, 혼동되지 않고 수정에 이르는 걸까. 먼저 제 정자가 만들어지고 이동하는 경로를 보자.

정자는 똬리가 제일 먼저 시작되는 꼭지 부분의 생식소에서 만들어지는데, 이 생식소를 '**난정소**(卵精巢)'라 한다. 우리가 골뱅이나 다슬기를 먹기 위해 몸통을 꺼냈을 때 몸통의 맨 끝부분에 달려 나오는 거무스름한 것이 바로 생식소다. 이곳에서 성숙한 정자는 '**양성관**(兩性管)'으로 이동하고, 전립선을 지나면서 영양분을 공급 받는다. 전립선을 지난 정자는 수정관에 이르고, 다음 짝짓기 때 음경을 거쳐 나간다.

뒤이어, 짝짓기를 통해 들어온 상대방의 정자는 난자를 찾아 수정될 장소로 이동하는데 입구에서 길이 두 갈래로 나뉜다. 한쪽은 '**수정낭**(受精囊)'으로 가는 길이고, 다른 한쪽은 난관으로 이어지는 길이다. 수정낭에서는 짝짓기 때 들어온 정자의 양이 지나치게 많을 경우 이 정자들이 분해되어, 되돌아 나오지 않는 한 모두 녹아

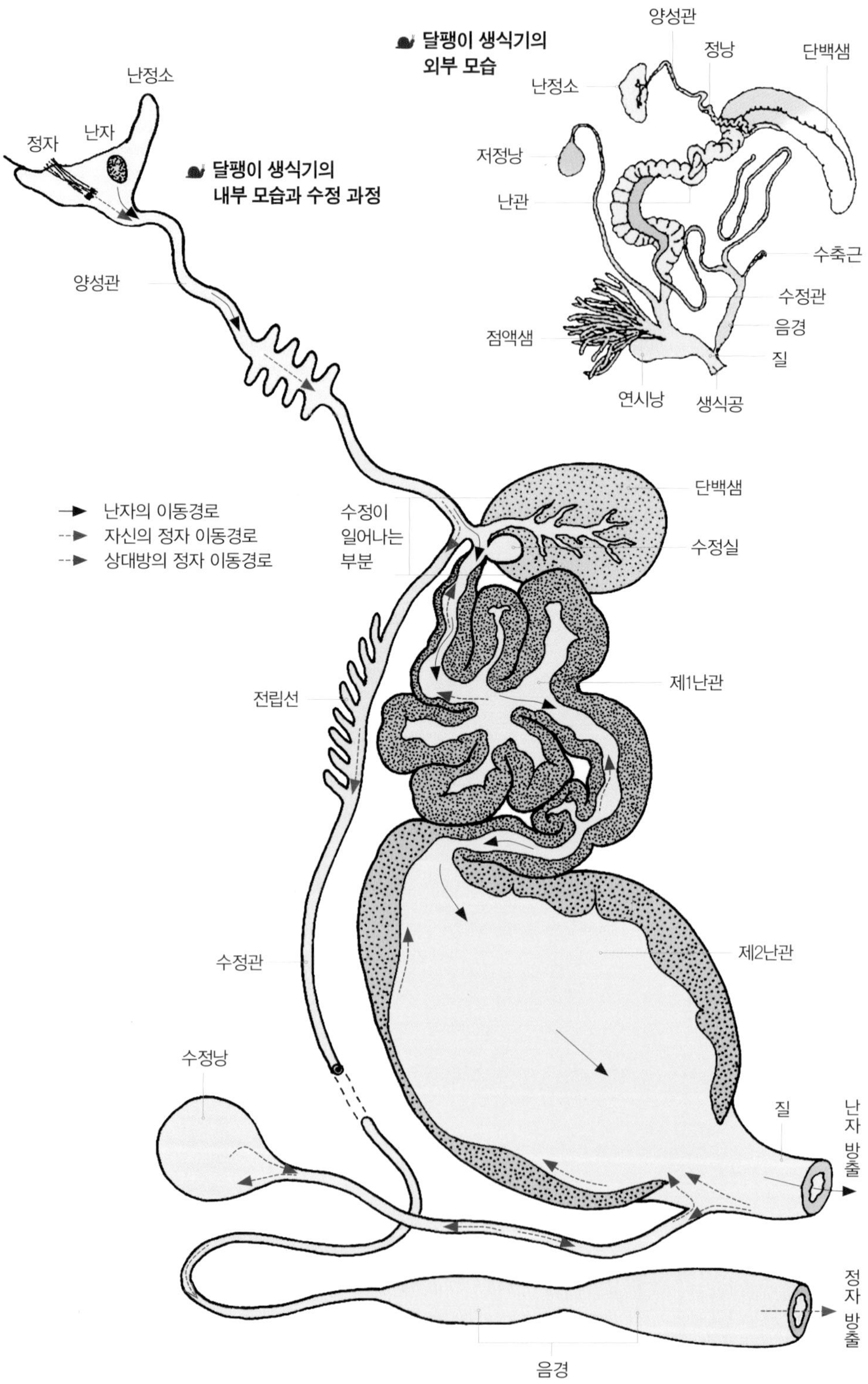

🐌 **달팽이 생식기의 외부 모습**

🐌 **달팽이 생식기의 내부 모습과 수정 과정**

사라진다. 반면에 정상적으로 난관을 타고 힘겹게 '**수정실**(受精室)'로 올라간 정자들은 비로소 난자를 만나 수정에 성공할 수 있다.

마지막으로, 난자도 역시 난정소에서 만들어지고 양성관을 따라 이동한다. 양성관이 자신의 정자가 이동하는 통로로도 이용되므로 자가수정이 이루어지지 않을까 염려할 수 있지만, 대다수의 달팽이는 난정소에서 자신의 정자와 난자의 방출 시기를 절묘하게 조절하기 때문에 그럴 위험은 없다. 양성관을 지난 난자는 수정관과 난관이 갈라지는 지점에 이르게 된다. 이곳은 상대방의 정자를 만날 수 있는 장소이면서 수정이 이루어지는 곳이기도 하다.

이러한 과정을 거쳐 수정된 알은 일차로 단백샘에서 발생에 필요한 알부민 같은 단백질을 공급 받는다. 영양분을 공급 받은 수정란은 다시 난관으로 이동한다. 난관에서 점성의 탄수화물 성분을 공급 받아 알 내부의 막을 형성하고, 탄산칼슘과 한천질을 공급 받아 알 바깥을 에워싸면서 온전한 알이 된다. 조금 복잡하게 보이지만 이 과정은 달걀이 만들어지는 것과 같다.

달팽이의 수정란 보관

달팽이는 짝짓기를 통해 받은 정자를 '저정낭(貯精囊)'에 넣어두는데, 그 정자를 일 년 정도 보관할 수 있다고 한다. 달팽이가 산란기에 이르면 이 주머니를 열어서 다른 달팽이에게서 받은 정자와 자신의 난자를 수정시켜 알을 낳는다.

달팽이의 알 낳기

대부분의 달팽이는 몸 안에서 알껍데기가 완성되면 곧바로 알을 낳는 난생(卵生)이다. 주변 여건이 좋지 못할 때에는 껍데기가 모두 완성되었더라도 산란을 미루기도 한다. 그런데 입술대고둥을 비롯한 일부 종은 어미의 몸 안에서 부화하여 여린 집을 가진 새끼(유패, 幼貝)를 낳는 난태생(卵胎生)이다.

달팽이는 흔히 습기가 많은 흙 속에 알을 낳는다. 발로 3~5센티미터의 구덩이를 파고, 한 번에 20여 개씩 총 70여 개의 알을 낳은

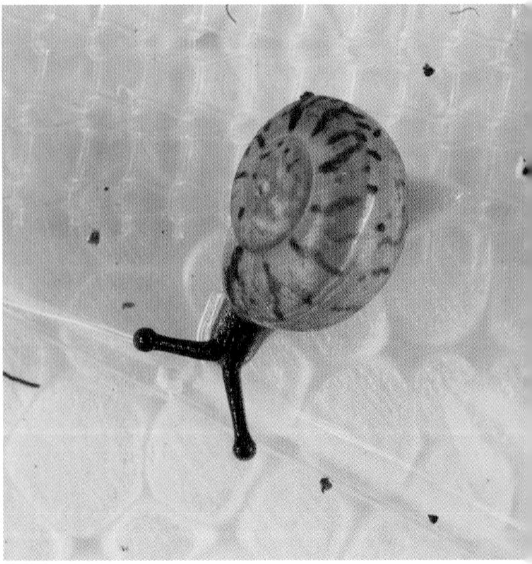

↑ 동양달팽이의 알 낳기 ↗동양달팽이의 유패

후 그 위에다 흙을 살짝 덮어두는 것으로 알 낳기는 끝이 난다. 종에 따라서는 썩은 통나무 아래나 낙엽 밑에 알을 낳기도 한다.

달팽이가 알을 낳는 과정은 달팽이의 느린 걸음만큼이나 천천히 진행된다. 땅을 파고 알을 낳은 후 흙을 덮어두기까지는 무려 48시간, 꼬박 이틀이 소요된다.

달팽이와 칼슘

달팽이는 자신과 뱃속에서 발생 중인 새끼에게 많은 양의 칼슘을 공급하기 위해 석회석을 녹여 먹거나, 석회 성분이 함유된 흙을 먹는다. 칼슘이 부족한 토양에서 자란 달팽이는 짝짓기를 하지 않는다는 보고가 있듯이 칼슘의 공급은 달팽이의 성장과 생식 활동에 매우 중요하다.

↖민달팽이의 알 낳기 ↑충무띠달팽이의 알 낳기

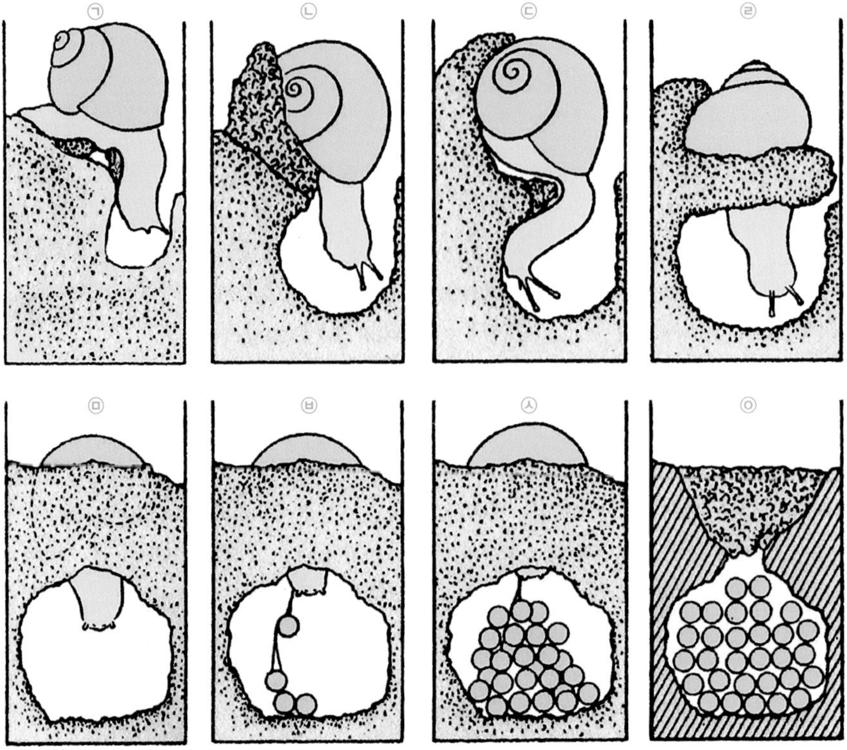

달팽이의 알 낳기

ㄱㄴㄷㄹ 구덩이를 파는 일은 약 한 시간 정도 걸린다. ㅁ 구덩이를 파는 작업이 끝나면 달팽이는 움직이지 않고 자신의 난자가 짝짓기를 통해 들어온 정자와 수정되기를 기다린다. 이것이 대략 열두 시간 정도 걸린다. ㅂㅅ 그 후 30분 간격으로 약 35시간 동안 모두 70여 개의 알을 낳는다. ㅇ 구덩이를 메움으로써 48시간 동안의 알 낳기가 끝난다.

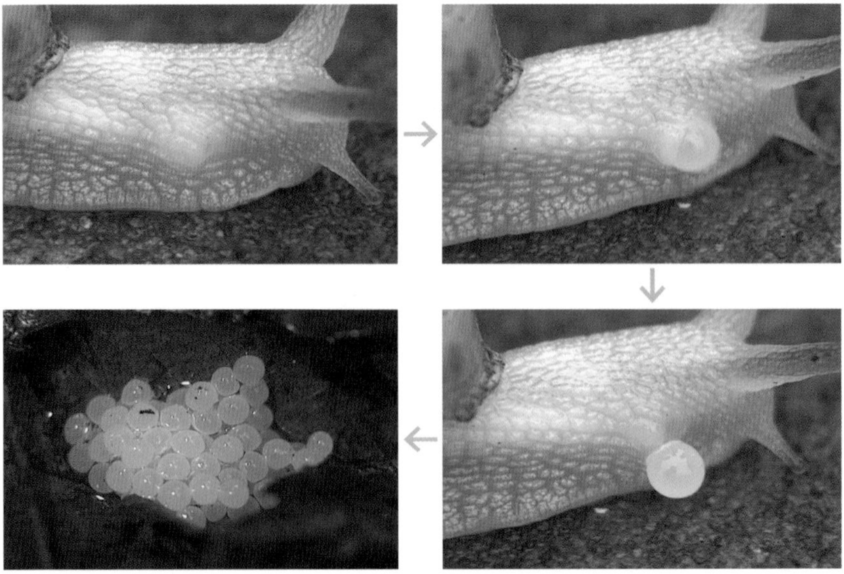

알 낳는 과정

달팽이의 부화

달팽이의 알은 달걀을 축소해놓은 것과 비슷하다. 그러나 종류에 따라 크기가 다 다른데, 지름이 0.6～50밀리미터인 것까지 큰 차이를 보인다. 남아메리카의 콜롬비아에서 발견된 **메갈로불리무스**(*Megalobulimus popelairianus*)라는 달팽이의 알은 지름이 51밀리미터나 되어서 새의 알인지 달팽이의 알인지 구분이 안 될 정도라고 한다. 반면, 우리나라에 살고 있는 실주름달팽이의 알은 지름이 0.66밀리미터밖에 되지 않아 세계에서 가장 작은 알로 알려져 있다.

↖메갈로불리무스 ↗메갈로불리무스의 알

달팽이 알의 유형

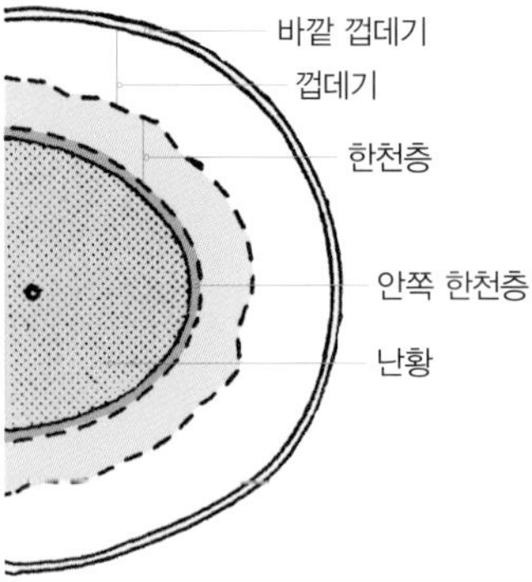

석회질이 없고
한천층으로 이루어진 알

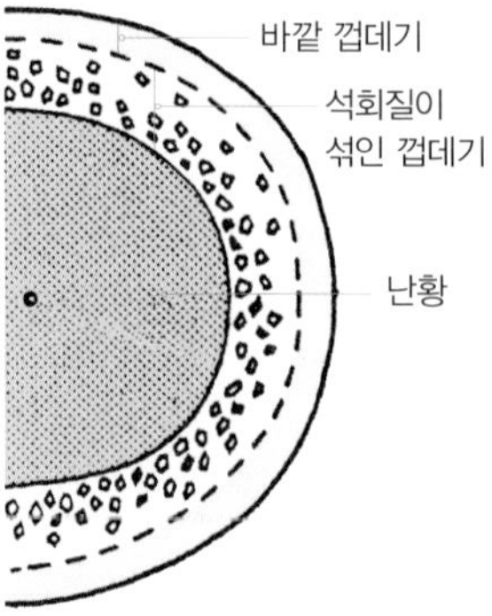

석회질이 듬성듬성
층을 이룬 알

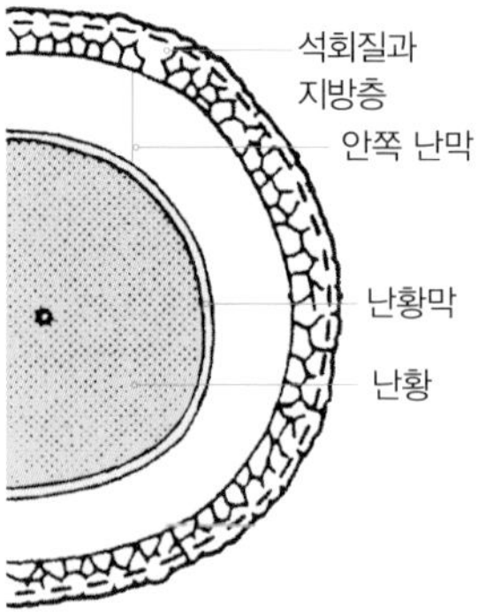

석회질이 두껍게
층을 이룬 알

부화 과정

달팽이의 알은 껍데기를 구성하는 성분과 껍데기에 든 석회질 양의 많고 적음에 따라 세 가지 유형으로 나뉜다. 첫 번째는 쨈물우렁이과에 속하는 달팽이의 알로, 껍데기에 석회질이 전혀 없고 물렁물렁한 한천질로 되어 있다. 두 번째는 달팽이과에 속하는 달팽이의 알로, 석회질이 탄산칼슘 형태로 물렁물렁한 한천층에 퍼져 있다. 세 번째는 민달팽이과에 속하는 달팽이의 알로, 바깥쪽 껍데기가 석회질로 두껍게 싸여 있어서 매우 단단하다.

알이 **부화**되는 시기는 흙의 온도나 습도에 따라 조금씩 다르지만, 보통 20일 정도면 어미를 빼닮은 꼬마 달팽이들이 얇은 껍데기를 뒤집어쓰고 오글오글 떼 지어 기어 나온다.

새끼가 자라는 과정도 무리마다 조금씩 차이가 있다. 바다에 사는 복족류 무리는 알에서 깨어 나와 물속에서 탈바꿈을 하면서 자라지만, 땅에 사는 복족류 무리인 달팽이는 알 속에서 탈바꿈을 거듭하여 달팽이의 모습을 갖추고 부화한다.

겨울잠, 여름잠을 자는 달팽이

우리나라 달팽이들은 열대 지방의 달팽이들에 비해 어려운 환경에서 살고 있다. 뜨거운 여름과 추운 겨울을 나야 하기 때문이다. 그래서 여름에는 더위와 수분 손실을 피하기 위해 그늘진 낙엽 아래에서 여름잠을 자고, 겨울에는 몸이 얼지 않도록 양지바른 곳에 쌓인 낙엽을 둘러쓰거나 깊숙한 바위 구멍 밑에서 겨울잠을 잔다.

겨울잠을 자는 달팽이 무리

달팽이는 잠을 잘 때 반드시 껍데기 입구를 뚜껑으로 닫거나 막아버린다. 그 이유는 입구로 수분이 날아가거나, 차고 뜨거운 기운이 드나드는 것을 방지하기 위해서이다. 여름잠과 겨울잠을 잔다고 하니 달팽이를 잠꾸러기로 오해할 수도 있겠지만, 사실 이들에게 잠은 생사가 달린 문제이다.

뱀, 개구리를 빼닮은 달팽이의 겨울잠 자기

겨울에 달팽이 채집을 해보면 참 재미나는 달팽이들의 겨울나기를 발견할 수 있다. 달팽이는 땅을 깊게 파는 재주가 없어서 따뜻하고 흙이 포실한 곳에서 낙엽을 이불 삼아 몸을 숨긴다. 또 어떤 종은 낙엽이 아닌 돌담 사이로 기어 들어가 겨울을 나기도 한다. 뱀이 들쥐가 파놓은 구멍이나 깊숙한 바위틈을 잠자리로 이용하듯 달팽이도 자연물을 이용하는 것이다.

또 변온동물이 가을이 되면 겨울을 나기에 좋은 곳에서 떼 지어 겨울잠을 자는 것처럼 달팽이들도 양지바른 곳으로 찾아들어 무리를 이룬다. 그래서 일단 달팽이가 있는 곳을 발견하기만 하면 쓸어 담을 정도로 그 수가 많은 것을 볼 수 있다. 그런데 특이한 점은, 아무리 많은 달팽이가 떼 지어 있더라도 같은 종끼리만 모인다는 사실이다. 아마도 같은 종끼리는 생리와 생태가 유사하기 때문일 것이다.

달팽이의 뚜껑

물에 사는 달팽이들은 대부분 **뚜껑**(蓋, operculum)이 없다. 그런데 예외적으로 **산우렁이**나 혹달팽이 무리만이 단단한 각질, 또는 석회질로 이루어진 뚜껑이 있다.

뚜껑이 없는 대부분의 달팽이들은 몸에서 분비되는 점액을 하얗게 굳혀서 이중, 삼중으로 입구를 막는다. 물론 숨을 쉬기 위한 최소한의 구멍은 남겨둔다. 그러다가 주변의 여건이 좋아지면 치설로 두꺼운 막을 갉아 먹고는 바깥으로 다시 머리와 발을 내민다.

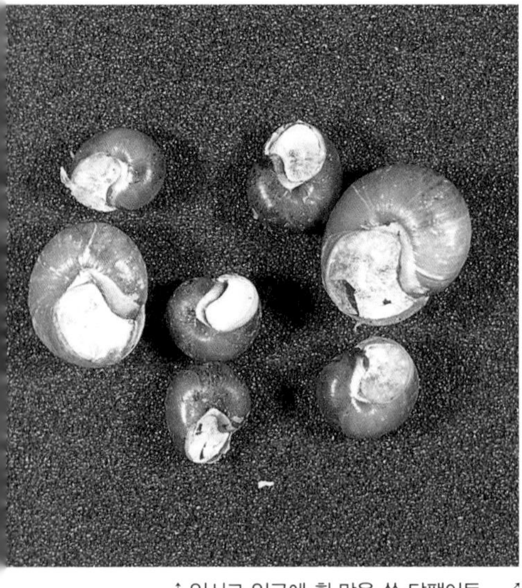

↑ 임시로 입구에 흰 막을 쓴 달팽이들 ↗북한산달팽이의 점액 막

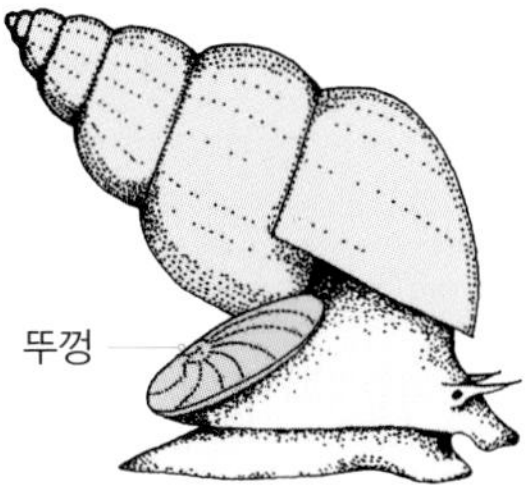

뚜껑이 있는 신생복족류

산우렁이

둥근산우렁이

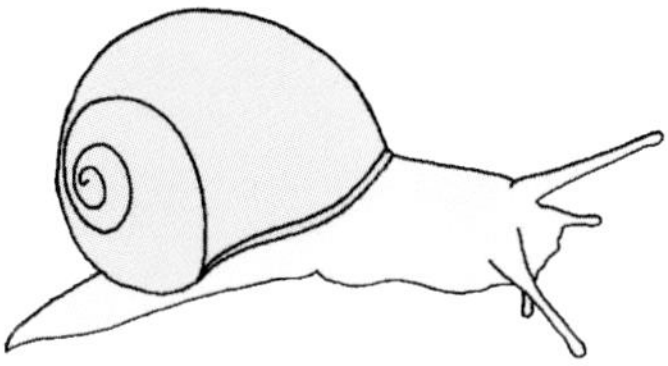

뚜껑이 없는 이새류(유폐류)

곳체배꼽달팽이

부산참밤달팽이

뚜껑이 있는 달팽이와 뚜껑이 없는 달팽이 중에서는 어느 쪽이 더 진화하였을까? 당연히 뚜껑이 없는 쪽이다. 앞서 이야기했듯이 뭍에 사는 달팽이는 모두 바다나 강에서 진화하여 올라와 뚜껑 대신에 자신의 점액을 유용하게 사용하는 방법을 터득하였다. 다만 산우렁이나 혹달팽이 무리는 뭍에 살면서도 물에서 지니고 있던 뚜껑을 버리지 못하고 그대로 가진 것이다.

달팽이의 천적

세상에 천적이 없는 동물은 없다. 달팽이도 예외는 아니어서 달팽이를 노리는 동물이 많다. 흙에 사는 여러 선충(線蟲, 몸이 대체로 실 모양인 선형동물의 하나)은 물론이고, 각종 세균과 곰팡이류가 모두 달팽이의 천적이다.

달팽이의 천적 가운데 고등한 동물로는 풍뎅이 무리가 대표적인데, 그중에서도 **늦반딧불이 유충**은 달팽이를 즐겨 먹는다. 녀석들은 달팽이를 발견하면 껍데기 위로 기어 올라가 꼬리 끝에 있는 빨판으로 달팽이의 꼭지(각정) 부근에 단단히 달라붙는다. 그러고는 몸을 길게 늘여 날카로운 집게다리로 재빨리 큰 더듬이를 잘라버린다. 달팽이가 몸을 껍데기 속으로 집어넣고 거품을 내며 저항해보지만, 늦반딧불이 유충은 굴을 파듯이 껍데기 속으로 기어 들어가 달팽이를 먹어 치운다.

반딧불이 유충 가운데에는 이렇게 육산 달팽이를 먹고 자라는 종이 있는가 하면, 물에 사는 다슬기를 먹는 것도 있다. 패류를 전공하는 입장에서 보면 반가운 일은 아니지만, 달팽이와 다슬기가 많아야 반딧불이도 많아질 수 있다. 먹이사슬이 튼튼해야 생태계도 건강할 수 있다.

딱정벌레의 일종인 **비단길앞잡이**(국명: 길앞잡이)

비단길앞잡이

도 달팽이를 잡아먹고 산다. 그런데 이 녀석이 달팽이를 공격하는 것을 보면 늦반딧불이 유충보다는 한 수 아래다. 비단길앞잡이는 달팽이를 정면에서 공격하는데, 공격할 때마다 달팽이가 점액을 냅다 분비하니 천적의 더듬이와 입은 끈적한 점액 범벅이 된다. 점액을 뒤집어쓴 비단길앞잡이가 공격을 멈추고 앞다리로 그것을 닦는 동안 달팽이는 재빨리 도망을 간다. 그러나 워낙에 느리기로 소문난 달팽이라, 다시 비단길앞잡이의 공격을 받고 만다. 비단길앞잡이는 강한 턱으로 달팽이의 껍데기를 차근차근 으깨어가면서 껍데기 속에 웅크리고 있는 달팽이의 살을 뜯어 먹는다.

↖달팽이를 먹는 늦반딧불이 유충 ↗설치류에게 포식 당한 동양달팽이의 껍데기

이렇게 천적에 약한 것이 동물이다.

이처럼 곤충류의 먹이가 되는 달팽이들은 주로 몸집이 작은 것들이고, 북한산달팽이나 동양달팽이와 같이 몸집이 큰 것들은 새나 들쥐 따위의 먹이가 된다. 또한 편형동물 중에 '산거머리'라 불리는 **산골플라나리아** 역시 달팽이의 무서운 천적이다. 이들은 껍데기 속에 바짝 움츠린 달팽이를 즐겨 공격하는데, 크기에 상관없이 다짜고짜 달팽이의 입 안으로 머리를 들이밀어 체액을 모두 빨아 먹고는 껍데기만을 남겨놓는다. 달팽이들은 행동이 느린 데 대한 보상으로 딱딱한 껍데기를 가지게 되었지만, 천적들은 그마저 그냥 두지 않는다.

달팽이를 공격하는 산골플라나리아

신비한 달팽이들

세계에서 가장 작은 달팽이

중국 석회암 동굴 지대에서 발견된 '*Angustopila dominikae*'는 크기가 1밀리미터 이하로 세계에서 가장 작은 달팽이로 알려져 있다. 크기가 너무 작아 바늘귀에 10마리를 나란히 세울 수 있다고 한다. 2013년 헝가리의 패류 수집가 언드라시 후녀디(András Hunyadi)는 중국 광시성의 석회암층 토양 샘플에서 발견된 *A. dominikae*의 각고가 0.86밀리미터에 지나지 않아 가장 대형종인 아프리카의 대형 육상 달팽이보다 부피가 900만분의 1 정도밖에 되지 않는다고 하였다.

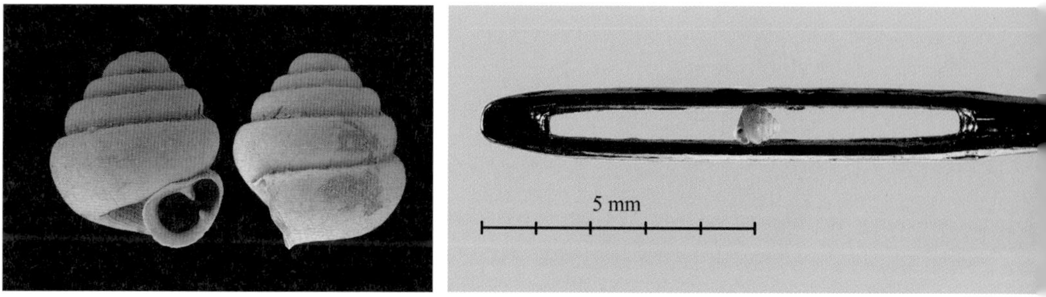

세계에서 가장 작은 달팽이로 알려진 *Angustopila dominikae*

이러한 미소(微小)형의 달팽이는 태국이나 말레이시아 등의 석회암 지대에서도 종종 발견된다. 우리나라에도 충청북도 노동동굴에서 채집된 노동굴고둥의 크기는 2밀리미터 이하에 불과하다. 일부 연구자들에 따르면 이들은 크기가 너무 작아서 이동할 때 분비하는 자신의 점액 물질에 달라붙어 죽을 수도 있다고 한다. 그리고 이처럼 크기가 작은 이유는 석회암 지대의 열악한 서식 환경 때문일 것이라고 한다.

세계에서 가장 큰 달팽이

세계에서 가장 큰 육상 달팽이는 *Achatina*속에 딸린 무리이며, 우리나라에서는 **'왕달팽이'**로 불리는 '*Achatina fulica*' 1종이 양식을 목적으로 도입되어 사육되고 있다. 성체의 크기는 각고 200밀리미터, 각경 100밀리미터에 이른다. 이 달팽이는 원산지 동아프리카에서 다른 열대와 아열대, 온대 지역으로 도입되어 이제는 남북극을 제외한 전 세계 모든 대륙에서 출현하고 있다. 평균 수명은 5~7년이고, 일부는 10년까지 사는 것으로 알려져 있다. 서식지에 대한 적응력이 매우 뛰어나고, 최소 500종 이상의 식물을 먹이로 한다.

결국 이 달팽이는 침입성이 높은 종이자, 동시에 국제자연보존연맹

세계에서 가장 큰 달팽이로 알려진 왕달팽이

(IUCN)이 지정한 세계에서 가장 해로운 100대 외래종에 포함되었다. 미국의 플로리다주, 조지아주 같은 남부 지역에서는 농작물에 심각한 해를 끼치는 왕달팽이를 반려동물로 사육하는 것을 법으로 금지하고 있다. 한편, 논에 제초 효과를 보기 위한 '우렁이 농법' 이 성행하고 있는데, 여기에 활용되는 우렁이는 담수산 **왕우렁이**다. 왕우렁이 역시 국제자연보존연맹에서 지정한 100대 악성 외래종에 포함되어 있다. 지금은 큰 문제를 일으키지 않지만, 이들의 강한 생존력과 국내 기후에 대한 적응이 어떠한 결과를 가져올지 염려스럽다.

왕우렁이

육식 달팽이

'Rosy wolfsnail'이라 불리는 **장밋빛늑대달팽이**(*Euglandina rosea*)는 빠르고 탐욕스러운 육식성 달팽이다. 미국 남동부가 원산지이며, 오로지 달팽이나 민달팽이를 잡아먹고 산다. 껍데기의 크기는 각고 76밀리미터, 각경 27밀리미터인데, 각고가 100밀리미터에 이르는 개체도 나타난다. 수명은 약 24개월로, 알에서 부화한 후 4~16개

장밋빛늑대달팽이

월이면 성 성숙에 이르러 산란을 할 수 있다. 육식성 달팽이답게 움직임이 민첩하여 1초에 약 8밀리미터를 이동한다.

한편, 하와이에 유입된 왕달팽이(*Achatina fulica*)가 농작물에 큰 해를 끼치자 1955년 플로리다에서 채집한 장밋빛 늑대달팽이를 하와이로 들여와 왕달팽이 개체 수를 줄이려고 하였으나, 효과를 보지 못하고 오히려 하와이 토종 달팽이 8종이 멸종되기도 하였다. 이 사건을 계기로 장밋빛늑대달팽이는 국제자연보존연맹(IUCN)에서 지정한 100대 악성 외래종에 포함되었다.

또 지중해 지역이 원산으로, 미국과 멕시코에 유입된 **작은꼭지달팽이**(*Rumina decollata*)도 달팽이를 잡아먹는다. 유럽과 영국, 아프리카

작은꼭지달팽이

유령민달팽이

에서 발견되는 민달팽이류인 '*Testacella*'와 **'유령민달팽이'**로 불리는 '*Selenochlamys ysbryda*'는 지렁이를 잡아먹고 사는 것으로 알려졌다.

세계에서 가장 예쁜 달팽이

쿠바에는 세계에서 가장 다양한 종류의 육상 달팽이가 살고 있다. 이 가운데 동부 해안선을 따라 발달한 숲속의 나무 위에서 발견되는 6종의 **'쿠바나무달팽이'** 무리는 가장 화려하고 아름답기로 이름나 있다. 껍데기는 포도알 크기 정도이며, 개체마다 붉거나 검은 벽돌색, 노란색, 분홍색, 백색, 갈색 등의 다채로운 체색 변이를 보인다. 현재 쿠바나무달팽이의 서식 범위는 기주식물(寄主植物)의 분포에 따라 넓지 않은 것으로 알려져 있고, 그중 '*Polymita*

쿠바나무달팽이

sulphurosa'는 쿠바 훔볼트국립공원 주변의 수 킬로미터 내에서만 발견된다고 한다.

쿠바나무달팽이들이 관광 상품 등의 판매를 목적으로 오랫동안 수집가들에 의해 남획되어 심각한 멸종위기에 빠지자, 쿠바 정부는 2017년부터 국제 야생동식물 멸종위기종 거래에 관한 조약(CITES)에 이 달팽이들을 등록하여 상거래를 엄격하게 금지하고 있다.

2

우리나라에는 어떤 달팽이가 살까?

우리나라에 살고 있는 달팽이는 남북한을 합쳐 약 100여 종에 이른다. 일본의 600여 종에 비하면 현저하게 적은 편이다. 이는 우리나라의 기후가 일본에 비해 춥고 건조한 대륙성 기후를 보이는 데다, 잦은 전쟁으로 제대로 보존된 숲이 많지 않기 때문인 것으로 생각된다.

덥고 비가 자주 오는 열대 지방에는 다양한 종류의 달팽이가 많이 있으며, 이 달팽이들은 온대 지방의 달팽이보다 일반적으로 크고 색깔도 화려하다. 1972년 미국 플로리다에서 몸길이(각고) 178밀리미터, 무게 340그램이나 되는 왕달팽이(*Achatina fulica*)가 채집된 기록이 있다. 하지만 우리나라에서 가장 큰 달팽이로 알려진 동양달팽이는 40밀리미터밖에 되지 않는다.

보통 달팽이는 나무에서 생활하는 종과 흙 속에서 사는 종, 땅 위에서 사는 종으로 구분하는데, 우리나라 달팽이들은 평생을 나무 위에서 사는 종은 없고 대부분 땅 위에서 산다. 달팽이들은 사는 환경에 따라 모양이나 색깔이 달라지기도 한다. 깊은 숲속에서 사는 달팽이들은 크고 색이 고운 반면, 평지에서 사는 달팽이들은 작고 납작한 편이며, 습한 곳에서 사

동양달팽이에 붙어 있는 북한산달팽이

는 달팽이들은 껍데기가 주로 갈색을 띠고, 건조한 곳에서 사는 달팽이들은 황색을 띤 것이 많다.

앞에서도 말했지만, 달팽이의 조상은 진화와 적응을 거듭하여 뭍으로 올라와 살게 되었다. 그래서 달팽이들은 내륙보다는 섬 같은 곳에서 다양하게 발견된다. 실제로 우리나라에서 달팽이 종류가 가장 많은 곳은 제주도이고, 이어서 거문도와 울릉도 순서로 나타나고 있다.

이 책에 소개된 우리나라의 달팽이는 30과(科)로 분류되며, 이 가운데 가장 종 수가 많은 것이 달팽이과(科)에 속하는 것들로 한 과에 약 23종이나 된다. 달팽이과의 종들은 주로 중대형종이고, 껍데기 색깔이 곱다. 그다음으로는 밤달팽이과에 속하는 것들로 약 16종이 있고, 대체로 소형종에 광택이 나는 얇은 껍데기가 있다.

한편, 우리나라에는 외국에서 들여온 달팽이들도 살고 있는데, 이들은 대다수가 민달팽이류로 원목이나 화훼 등에 묻어서 국내로 들어온 것으로 보인다. 다른 생물과 마찬가지로 외국에서 들어와 우리나라에 살고 있는 외래 유입종들은 모두 대단한 자생력을 가졌고, 대부분 농작물이나 원예작물에 피해를 준다. 유럽이 원산인 작은뾰족민달팽이(*Deroceras reticulatum*)는 1979년에 처음으로 우리나라의 육산 달팽이 목록에 올려진, 비교적 최근에 유입된 종이지만 지금은 전국 각지에서 발견되고 있으며, 농작물에도 많은 해를 끼치고 있다.

1. 고리갈고둥목(Order Cycloneritimorpha)

깨알우렁이과(Family Hydrocenidae)

우리나라 남부 지역에서 볼 수 있는 미소종으로, 습기가 많은 활엽수림의 낙엽 밑이나 이끼가 낀 바위, 잔돌 사이에서 산다. 각질의 뚜껑이 있는 원시형 달팽이다. 우리나라에서는 **깨알우렁이**(*Georissa japonica*) 1종이 살고 있다. 크기가 깨알처럼 작아 '깨알우렁이'라는 이름이 붙었다.

형태 크기는 각고 2밀리미터, 각경 1.5밀리미터로 매우 작다. 껍데기는 둥근 원추형으로 연분홍색 또는 회백색을 띠며, 꼭지 부분(각정)은 진한 분홍색을 띤다. 봉합이 깊고, 각 나층은 둥글게 부풀어 있다. 껍데기 입구의 안쪽에 활층(滑層)이 발달하여 광택이 난다.

분포 동남아시아와 태평양의 섬 등지에 분포한다. 우리나라에서는 제주도와 거문도, 진도 등의 남부 섬 지역과 내장산에서 발견된다.

깨알우렁이

2. 고설목(Order Architaenioglossa)

산우렁이과(Family Cyclophoridae)

주로 우리나라 남부 지역의 습도가 높은 관목 지대의 낙엽 밑이나 잔돌, 잔가지 사이에서 사는 중소형 크기의 달팽이다. 뚜껑이 있는 원시형 달팽이로 대부분 암수한몸(자웅동체)이지만, 나사산우렁이는 암수딴몸(자웅이체)으로 알려져 있다. 현재 산우렁이과는 산우렁이아과, 나사산우렁이아과, 혹달팽이아과의 3아과(亞科)로 구성되어 있다.

산우렁이아과(Subfamily Cyclophorinae)

산우렁이(*Cyclophorus herklotsi*), **둥근산우렁이**(*C. campanulatus*), 제주둥근산우렁이(*Platyraphe minutus quelpartensis*), 좀산우렁이(*Nakadaella micron*) 4종이 알려져 있으며, 뭍에 사는 우렁이라는 뜻으로 '산우렁이'란 이름이 붙었다.

형태 각고 1.2~16밀리미터, 각경 2.5~13밀리미터로 종마다 크기가 조금씩 다르다. 껍데기는 둥근 원추형에 황갈색을 띠며, 단단하고 광택이 있다. 봉합이 깊고, 각 나층은 크고 둥글게 부풀어 있으며, 배꼽이 발달하였다. 원형의 각구에 각질 또는 석회질의 편평한 뚜껑이 있다.

분포 주로 일본 남부와 대만, 인도네시아 등 따뜻한 지역에 분포한다. 우리나라에는 제주도와 남부 섬 일대 그리고 내륙의 지리산과 내장산까지 나타난다.

산우렁이

둥근산우렁이

나사산우렁이아과(Subfamily Spirostomatinae)

활엽수림의 낙엽 아래 또는 건조한 돌무더기에서 살며, **나사산우렁이**(*Spirostoma japonicum japonicum*)와 **거문도좀달팽이**(*Nobuea elegantistriata*) 2종이 있다. 육산 달팽이 대부분은 암수한몸이지만, 나사산우렁이는 암수딴몸이다. 다른 산우렁이류에 비해 나층이 넓고 뚜렷하여 '나사산우렁이'로 이름 붙었다.

형태 각고 1.5~6밀리미터, 각경 3.5~12밀리미터의 중소형종에 속한다. 껍데기는 낮은 원추형에 황색으로 , 매우 두껍고 광택이 있다. 각구는 둥글고 끝이 두꺼워지면서 약간 퍼지며, 고깔 모양의 뚜껑이 있다. 배꼽은 아주 넓고 깊어서 각경의 반을 차지하는데, 껍데기를 뒤집어서 보면 껍데기가 감긴 것이 끝까지 보인다.

분포 주로 중국과 일본 남부 지역에 분포한다. 우리나라에는 제주도를 비롯해 진도, 흑산도, 거문도, 통영 등의 남해안 지역에서 발견된다.

혹달팽이아과(Subfamily Alycaeinae)

석회질의 토양을 좋아하는 호석회성으로, 약간 건조한 토양의 잔돌 틈에서 산다. 우리나라에는 **주름혹달팽이**(*Chamalycaeus hirasei*), **제주혹달팽이**(*C. kurodai*), **둥근혹달팽이**(*C. cyclophoroides*) 3종이 있다. 이 종들은 체층과 차체층의 봉합 부분에 혹 같은 돌기가 있어 '혹달팽

나사산우렁이

거문도좀달팽이

이'라 불리게 되었다.

형태 각고 2~3밀리미터, 각경 4~5밀리미터로 작은 편이다. 껍데기는 낮은 원추형에 회백색으로, 꼭지 부분은 갈색을 띤다. 섬세한 성장맥이 껍데기 전체에 규칙적으로 나타나며, 배꼽은 크고 깊다. 봉합이 깊고, 각 나층은 둥글며, 각질의 뚜껑이 있다.

분포 대만과 인도네시아, 보르네오 등 열대 지방에 분포한다. 우리나라에는 제주혹달팽이가 제주도를 포함한 남부 섬 지방에, 둥근혹달팽이가 남부와 중부 내륙 지방에, 주름혹달팽이가 중북부 지방에서 발견된다.

주름혹달팽이

제주혹달팽이

둥근혹달팽이

깨알달팽이과(Family Diplommatinidae)

활엽수림의 그늘진 잔돌더미 틈이나, 썩고 있는 습기 찬 낙엽 밑에 붙어서 산다. 투명한 각질 뚜껑이 있으며, 우리나라에는 아리니아깨알달팽이(*Arinia chejuensis*), **큰깨알달팽이**(*Diplommatina changensis*), 제주깨알달팽이(*D. chejuensis*), 거문도깨알달팽이(*D. kyobuntoensis*), **참깨알달팽이**(*D. tyosenica*), **깨알달팽이**(*D. paxillus*), **왼돌이깨알달팽이**(*Palaina pusilla*) 7종이 알려져 있다. 이 가운데 왼돌이깨알달팽이는 껍데기가 왼쪽으로 감기는 좌권패이다. 크기가 최대 4밀리미터 정도의 소형종으로 '깨알달팽이'라 불린다.

형태 각고 2~4밀리미터, 각경 1~2밀리미터로 작은 편이다. 껍데기는 나탑이 높은 방추형으로, 반투명한 회백색을 띤다. 봉합이 깊고 뚜렷하여 나층이 둥근 모양을 띤다. 각 나층에는 촘촘하고 규칙적인 성장맥이 비스듬히 나타난다. 각구는 둥글고, 대부분 입안에 치상돌기라고 부르는 이빨 모양의 돌기가 한 개 있다. 배꼽은 없다.

분포 중국, 대만, 일본, 뉴기니, 필리핀, 호주 등지에 분포한다. 우리나라에는 한반도 전역에서 나타난다. 여기에 속한 달팽이 가운데 제주깨알달팽이와 거문도깨알달팽이는 아직까지 제주도와 거문도에서만 발견된다.

1	2
3	4

1. 큰깨알달팽이 2. 참깨알달팽이
3. 깨알달팽이 4. 왼돌이깨알달팽이

번데기우렁이과(Family Pupinidae)

주로 낙엽수림의 썩은 고목 주변이나 돌 틈에서 생활한다. 혁질(가죽처럼 단단하고 질긴 성질)의 둥근 뚜껑이 있으며, 우리나라에는 **번데기우렁이**(*Pupinella rufa*) 1종이 있다. 패각의 생김새가 곤충의 번데기 모양과 비슷하여 붙은 이름이다.

형태 각고 11밀리미터, 각경 5밀리미터의 중소형종에 속한다. 껍데기는 원통형의 번데기 모양으로 적갈색을 띠며, 매끈하면서도 단단하다. 봉합이 깊지 않고 각 나층도 둥글지 않다. 각구는 두껍고 둥글며, 두 개의 홈이 나 있다.

분포 필리핀, 보르네오, 호주 북부, 일본, 대만 등 아열대에서 열대 지방까지 분포한다. 우리나라에는 제주도를 포함한 남부의 섬에서 지리산과 내장산까지 분포한다.

번데기우렁이

3. 총알고둥목(Order Littorinimorpha)

기수우렁이과(Assimineidae)

담수 영향을 받는 해안가 기수(汽水), 기수호 또는 강 하구의 모랫바닥, 펄, 수초와 갈대밭에 사는 소형종으로 뚜껑이 있다. 기수산 중은 담수(淡水)산 종으로 취급하기도 한다. 우리나라의 기수우렁이과에는 **밤색기수우렁이**(*Angustassiminea castanea*)를 포함한 12종이 속해 있다(우리나라 달팽이 목록 참조). 이 가운데 **둥근동굴우렁이**(*Paludinella* (*Cavernacmella*) *coreana*)는 진동굴성 패류로 강원도 환선굴에서 필자 등이 채집해 신종으로 발표한 한국 특산종이다.

형태 각고 1.4~9밀리미터, 각경 1~6밀리미터로 종마다 크기가 다르다. 껍데기는 원추형으로 매끈하고 단단하며, 색깔은 대부분 적갈색 또는 황갈색을 띤다.

분포 유럽, 아프리카, 일본, 중국 등지에 분포하고, 우리나라에는 전국의 해안가 또는 기수호에 출현한다.

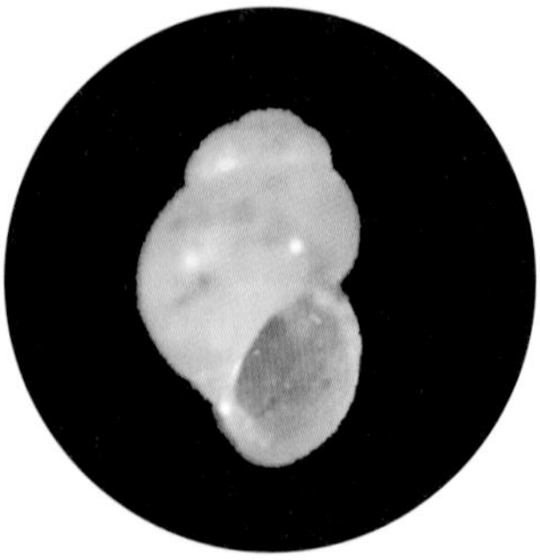

둥근동굴우렁이

1. 밤색기수우렁이 2. 빨강기수우렁이
3. 기수우렁이 4. 좀기수우렁이

1	
2	3
4	

목주림고둥과(Family Truncatellidae)

대체로 바닷가의 물이 잠기지 않는 해안 자갈밭이나 돌담 아래에 살며, 크기는 중소형이다. 경우에 따라서는 해산패(海産貝)로 보기도 한다. 석회질의 뚜껑이 있다. 우리나라에는 **목주림고둥**(*Truncatella guerinii*)과 **분홍목주림고둥**(*T. pfeifferi*) 2종이 알려져 있다. 어릴 때는 긴 송곳 모양이지만 자라면서 끝(각정)이 잘린 것같이 뭉툭한 모양의 패각을 갖게 되어 '목주림'이라는 이름이 붙었다. 속명 '*Truncatella*'는 잘려 있다는 뜻이다.

↑ 목주림고둥 무리 ↗성숙한 목주림고둥

분홍목주림고둥

형태 각고 13~15밀리미터, 각경 3~4밀리미터로 중소형종에 속한다. 껍데기는 높은 탑형이며, 각 나층에 규칙적인 세로의 주름이 있거나 매끈하다. 색깔은 황백색 또는 연분홍색을 띤다. 각구는 난형이고, 가장자리는 두껍다.

분포 주로 인도양과 서태평양, 일본 남부 등지의 따뜻한 해안에 분포한다. 우리나라에는 제주도, 우도, 거문도, 백령도 등지에서 발견된다.

4. 유폐목(Order Pulmonata)

고랑딱개비과(Family Siphonariidae)

폐가 있어 공기호흡을 하는 유폐류이다. 해안과 기수 지역에 살며, 뚜껑은 없다. 허파로 숨을 쉬기 때문에 간조 시에 활발하게 움직인다. 우리나라에는 **고랑딱개비**(*Siphonaria japonica*), 흰고랑딱개비(*S. acmaeoides*), 주름고랑딱개비(*S. javanica*), 검은고랑딱개비(*S. laciniosa*), 꼬마고랑딱개비(*S. rucuana*), **꽃고랑딱개비**(*S. sirius*) 6종이 알려져 있다. '딱개비'라는 이름은 삿갓조개처럼 바위에 바짝 붙어 있는 모습에서 유래한 것으로 본다. 가끔 바닷가 암반이나 돌 위에 붙어 연체동물의 삿갓조개 무리로 착각하게 되는 비슷한 이름의 '따개비'는 절지동물에 속하는 만각류이다.

형태 각고 3~10밀리미터, 각경 10~20밀리미터로 중소형종에 속한다. 껍데기는 삿갓 모양이며, 불규칙한 방사륵(껍데기 겉면에 있는, 부챗살처럼 도드라진 줄기)이 강하게 나타난다. 각구 내면은 적갈색, 보라색을 띤 갈색으로 방사상의 백색 띠가 나타난다.

분포 전 세계의 해안에 분포하며, 우리나라에도 해안 전역에서 발견된다.

1
2
3

1. 고랑딱개비
2. 꽃고랑딱개비
3. 검은큰따개비(절지동물)

대추귀고둥과(Family Ellobiidae)

만조에도 바닷물에 잘 잠기지 않는 조간대 상부의 펄이나 작은 돌밭에 살며, 외투막이 변한 폐로 공기호흡을 한다. 우리나라에는 대추귀고둥아과(Ellobiinae), 귀고둥아과(Melampinae), 좁쌀귀고둥아과(Pedipedinae), 도토리귀고둥아과(Pythiinae)의 4개 아과에 13종이 알려져 있다(우리나라 달팽이 목록 참조). 이 가운데 **대추귀고둥**(*Ellobium chinense*)은 환경부 멸종위기 야생생물(2급)로 껍데기 모양이 대추와 사람의 귀를 닮아 '대추귀고둥'이란 이름이 붙었다.

형태 각고 4~15밀리미터, 각경 2~9밀리미터의 중소형종에 속한다. 형태는 높은 난원추형으로 껍데기가 매끈하며, 체층은 크고 둥글다. 대부분 각구 안에 이빨 모양의 돌기가 있다.

분포 열대 및 아열대 해역에 분포하며, 우리나라에는 주로 제주도와 남부 지방에서 발견된다.

↑ 가는옆줄작은귀고둥 ↗대추귀고둥

양귀비고둥과(Family Carychiidae)

주로 활엽수림의 썩고 있는 낙엽 밑에서 산다. 우리나라에는 **양귀비고둥**(*Carychium pessimum*)과 줄양귀비고둥(*C. noduliferum*)이 알려져 있으며, 최근에 충청북도 노동동굴 내에서 채집되어 신종으로 발표된 **노동굴고둥**(*Koreazospeum nodongense*)을 포함, 3종이 알려져 있다. 양귀비고둥은 1971년 발간한 『한국동물명집』에 제대로 된 우리말 이름으로 기록되었는데, 크기가 1밀리미터도 안 되는 양귀비씨처럼 작아서 붙은 이름이 아닌가 한다.

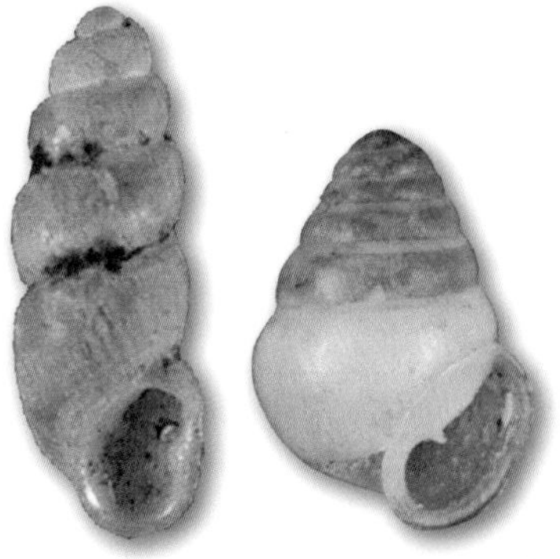

양귀비고둥 노동굴고둥

형태 각고 1.5~2밀리미터, 각경 0.8~1.3밀리미터로 육산 달팽이 가운데 가장 크기가 작다. 껍데기는 나탑이 높은 방추형으로, 봉합이 깊어 각 나층의 구분이 뚜렷하고, 미세한 성장맥이 촘촘히 나타난다. 각구 주변에 한 개의 치상돌기가 있다.

분포 일본, 필리핀, 서인도 제도, 북아메리카 등 전 세계에 걸쳐 고루 분포한다. 우리나라에는 제주도에서부터 중북부 지역까지 나타난다.

5. 병안목 (Order Stylommatophora)

뾰족쨈물우렁이과(Succineidae)

공기호흡을 하는 육산 달팽이지만, 항상 물가나 물가 식물의 줄기에 붙어 산다. 우리나라에는 **참쨈물우렁이**(*Neosuccinea horticola koreana*)와 **뾰족쨈물우렁이**(*Oxyloma hirasei*) 2종이 알려져 있다. 담수산 물달팽이과 무리와 비슷하게 생겼는데, 뾰족쨈물우렁이과의 종들은 병안목에 속해 눈이 더듬이 끝에 붙어 있다.

흔히 '우렁이'라고 하면 뚜껑이 있는 달팽이류가 연상되지만, 이 종들은 뚜껑이 없는 유폐류이다. 원래 '쨈물우렁이'란 이름은 공기호흡을 하며 물에서 사는 물달팽이(*Radix auricularia*)의 오래된 이름이다. 모양이 물달팽이보다 갸름하여 '뾰족쨈물우렁이'라는 이름을 갖게 된 것으로 보인다.

형태 각고 13밀리미터, 각경 6~7밀리미터로 중소형종에 속한다. 껍데기는 긴 난형으로, 매우 얇고 연한 황색을 띤다. 체층이 각고의 3분의 2 이상을 차지하며, 각구도 매우 크다.

분포 중국, 일본, 유럽, 북아메리카, 북아프리카 등 전 세계에 고루 분포한다. 우리나라에는 제주도를 포함하여 전국 각지의 물가 주변에 나타난다.

참짬물우렁이

뾰족짬물우렁이

반디고둥과(Family Cochlicopidae)

북유럽과 북아메리카가 원산지인 한대성의 소형종이다. 주로 낮은 활엽 관목 지대에 살며, 우리나라에는 **반디고둥**(*Cochlicopa lubrica*) 1종이 알려져 있다. 껍데기에 밝은 광택이 있어 '반디고둥'이란 이름이 붙었다.

형태 각고 7.7밀리미터, 각경 3.2밀리미터로 작은 편이다. 껍데기는 높은 방추형에 반투명한 갈색을 띠며, 매끈하고 광택이 있다. 각구는 좁은 편이다.

분포 유럽, 북아메리카, 아시아, 북아프리카 등의 약간 추운 곳에서 산다. 우리나라에는 울릉도와 강원도 일부 지역에서 발견된다.

반디고둥

번데기고둥과(Family Pupillidae)

숲 가장자리의 건조한 돌무더기에서 살며, 우리나라에는 **번데기고둥**(*Pupilla cryptodon*) 1종이 알려져 있다. 껍데기가 원통형의 번데기 모양으로 '번데기고둥'이란 이름이 붙었다. 앞서 이와 비슷한 이름의 번데기우렁이는 뚜껑이 있는데, 번데기고둥은 뚜껑이 없다.

형태 각고 3밀리미터, 각경 1.5밀리미터로 작은 편이다. 껍데기는 원통형에 갈색을 띠며 각 나층의 높이가 비슷하다. 각구는 반달 모양에 두껍고, 약간 뒤로 젖혀져 있으며, 그 안에 5개의 치상돌기가 나 있다.

분포 북아메리카와 중국, 유럽 등 전 세계에 걸쳐 분포한다. 우리나라에는 중북부의 건조한 지역에서 발견된다.

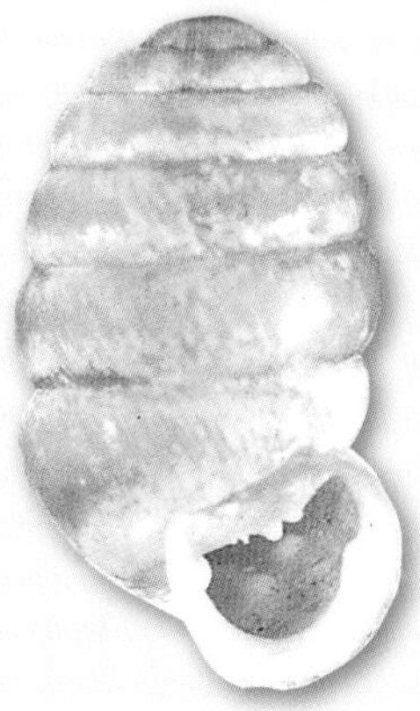

번데기고둥

쇠평지달팽이과(Family Pyramidulidae)

주로 숲속에 썩고 있는 낙엽이나 잔돌 밑에서 산다. 우리나라의 **쇠평지달팽이**(*Pyramidula micra*)와 울릉도평지달팽이(*P. kobayashi*)는 한국 특산종으로 각각 울산과 울릉도가 모식 산지이다. 1971년 동물명명집에는 쇄평지달팽이아재비와 울릉도평지달팽이아재비로 기록되어 있는데, 이름에 대한 근거는 찾을 수 없다.

형태 각고 1.1밀리미터, 각경 2.2밀리미터로 작은 편이다. 껍데기는 낮은 원추형에 짙은 갈색을 띠고, 체층에 거친 성장맥이 불규칙하게 나타난다. 봉합이 깊어 체층의 둘레가 둥그스름하다. 각구는 얇고, 배꼽은 좁지 않다.

분포 일본과 서유럽 등지에 분포한다. 우리나라에는 울릉도와 흑산도, 통영, 울산, 여수 등 남부 지방에서 발견된다.

쇠평지달팽이

입고랑고둥과(Family Strobilopsidae)

주로 습도가 높은 활엽수림의 잔돌 틈이나 낙엽 밑에서 살며, 껍데기가 단단하다. 우리나라에는 **참입고랑고둥**(*Strobilops coreana*)과 입고랑고둥(*S. hirasei*) 2종이 확인되고 있다. 각구 안에 고랑 같은 구조물이 있어 '입고랑고둥'이란 이름이 붙었다.

형태 각고 1.5~1.3밀리미터, 각경 3밀리미터로 작은 편이다. 껍데기는 낮은 원추형이며, 단단하고 짙은 갈색을 띤다. 체층 가장자리에 각이 있고, 각 나층에 가는 성장맥이 나타난다. 각구는 좁은 반달 모양으로 끝이 두껍고, 뒤로 젖혀진다. 각구 안에는 두 층으로 된 고랑 모양의 '순판'이라는 것이 튀어나와 있다.

분포 북아메리카, 일본, 중국 등지에 분포하며, 우리나라에는 제주도부터 중북부 지역에 걸쳐 서식하고 있지만 출현 빈도는 높지 않다.

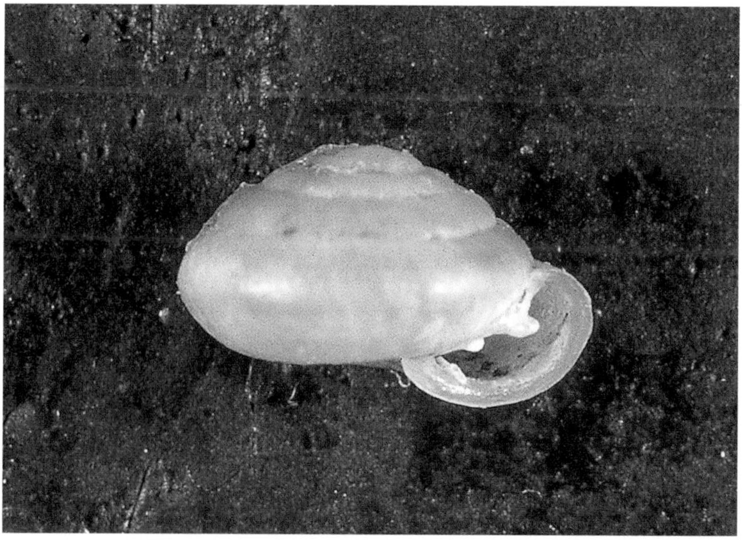

참입고랑고둥

실주름달팽이과(Family Valloniidae)

숲 가장자리의 밭가나 잔돌 틈에서 살며, 비교적 흔하게 볼 수 있는 한대성 종이다. 우리나라에는 **실주름달팽이**(*Vallonia costata*)와 **가시주름달팽이**(*Zoogenetes harpa*) 2종이 알려져 있다. 껍데기 표면에 가는 실 모양의 주름(성장맥)이 촘촘하게 나타나 '실주름달팽이'라는 이름이 붙었다.

형태 각고 1~3밀리미터, 각경 2~2.5밀리미터로 매우 작다. 껍데기는 낮거나 높은 원추형에 흰색 또는 갈색을 띤다. 꼭지를 제외한 각 나층에 미세한 세로 주름이 발달하였다. 체층의 둘레는 둥글며, 배꼽은 넓고 깊거나 좁다. 각구는 비스듬한 원형으로 끝이 두껍고, 뒤로 젖혀지거나 얇다.

분포 시베리아와 러시아 북부, 캐나다, 알래스카, 유럽, 북아시아 등지에 분포한다. 우리나라에는 전국에 걸쳐 나타난다.

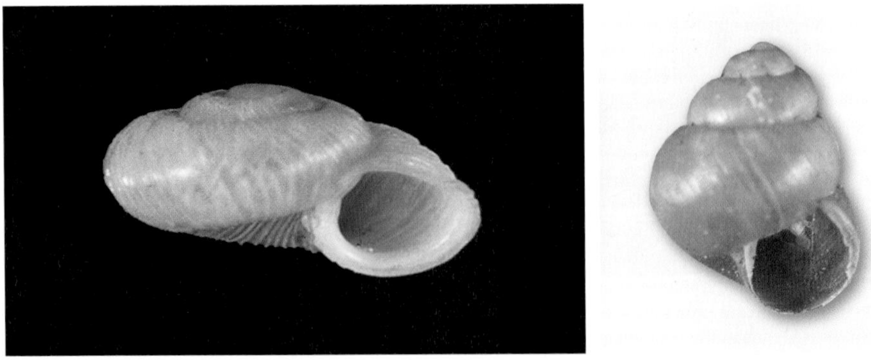

↑ 실주름달팽이 ↗가시주름달팽이

이빨번데기고둥과(Family Vertiginidae)

이빨번데기고둥과는 이빨번데기고둥아과와 모래고둥아과로 구분되어 있다. 과거에는 각각의 과 단위 분류군이었으나, 현재는 이빨번데기고둥과에 속해 있다.

이빨번데기고둥아과(Subfamily Vertigininae)

다소 건조한 돌무덤이나 관목림 아래에서 살고 있다. 모래고둥아과의 종들과 형태가 비슷하지만 각구 가장자리가 얇고, 치상돌기가 분리되어 나타난다. 우리나라에는 **민이빨번데기고둥**(*Columella edentula*) 1종이 기록되어 있다. 이빨번데기고둥아과의 종들은 대부분 각구 안에 치상돌기가 있는데, 민이빨번데기고둥은 치상돌기가 없다. 게다가 모습도 번데기와 유사하여 '민이빨번데기고둥'이란 이름이 붙었다.

형태 각고 3.2밀리미터, 각경 1.6밀리미터로 작은 편이다. 껍데기는 원통형으로 번데기고둥과 비슷하게 생겼으며, 황갈색을 띤다.

분포 유럽, 아시아, 북아메리카 등 추운 지역에 분포한다. 우리나라에는 울릉도와 청평 등의 중북부 지역에서 발견된다.

민이빨번데기고둥

모래고둥아과(Subfamily Gastrocoptinae)

숲속의 낙엽 밑이나 잔돌 틈에서 산다. 기록에는 4종이 알려져 있는데, 2종은 북한 지역에 서식하는 것으로 보인다. 현재 **각시모래고둥**(*Gastrocopta coreana*)과 **울릉도모래고둥**(*G. jinjiroi*)만이 중북부 지역에서 채집된다. 껍데기가 모래 알갱이같이 작고 은백색을 띠어 '모래고둥'이란 이름을 갖게 되었다.

형태 각고 2~2.5밀리미터, 각경 0.8~1밀리미터로 매우 작다. 껍데기는 이빨번데기고둥이나 번데기고둥과 비슷한 원통형이지만, 위로 올라갈수록 나층이 좁아져 뾰족한 모양을 보인다. 회백색을 띠며, 봉합이 깊어 각 나층의 형태가 둥글다. 각구는 각축 중앙에 위치하고, 안에는 6개 정도의 치상돌기가 발달해 있다.

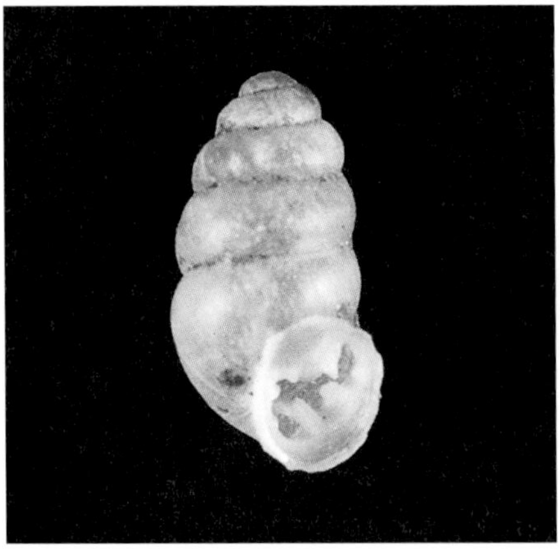

↑ 울릉도모래고둥 ↗각시모래고둥

분포 동아시아와 시베리아, 호주 등 대체로 추운 곳에서 산다. 우리나라에는 울릉도와 중북부 지역에서 발견된다.

입술대고둥아재비과(Family Enidae)

주로 석회암 지대의 약간 건조한 돌무더기 틈에서 산다. 모양이 입술대고둥과의 종들과 비슷하지만, 이들은 껍데기가 왼쪽으로 감겨 있다. 우리나라에서는 필자 등에 의해 신종으로 발표된 **두타산입술대고둥아재비**(*Mirus junensis*)와 **오봉산입술대고둥아재비**(*Mirus obongensis*) 그리고 **입술대고둥아재비**(*Ena coreanica*) 3종이 살고 있다. 대나무와 같이 길쭉하고, 각구 가장자리(입술)가 특징적으로 도드라진 입술대고둥과 닮아 '입술대고둥아재비'라는 이름이 붙었다.

형태 각고 12~25밀리미터, 각경 3~8밀리미터의 중형종에 속한다. 껍데기는 뾰족한 탑형에 갈색을 띠며, 나층은 6~9층으로 이루어져 있다. 봉합이 깊어 각 나층이 뚜렷하고, 좁은 배꼽이 있다. 이 과의 종은 어릴 때 체층 주연(둘레의 가장자리)에 각이 있다.

분포 중국, 일본, 대만 등지에 분포하며, 우리나라에는 제주도에서 중부 지역까지 넓게 퍼져 있다.

1	2
3	

1. 입술대고둥아재비 2. 두타산입술대고둥아재비 3. 오봉산입술대고둥아재비

왕달팽이과(Family Achatinidae)

동아프리카가 원산지로 우리나라에는 왕달팽이(*Achatina fulica*) 1종이 알려져 있다. 한국과 대만, 일본에서 식용을 목적으로 들여왔다. 일본 남부에서는 사육 상자를 탈출한 개체가 자연 증식하여 농작물에 해를 입힌 사례가 있다. 동남아시아 등지에서는 이미 토착화되었으나, 우리나라는 겨울이 춥기 때문에 아직까지는 자연 증식이 어려운 것으로 알려져 있다. 국제자연보존연맹(IUCN)에서 지정한 100대 악성 외래종이다.

형태 크기가 최대 각고 115밀리미터, 각경 55밀리미터까지 자라는 대형종이다. 껍데기는 원추형으로 매우 단단하며, 각 나층에 적갈색의 띠가 있다.

분포 전 세계의 열대 및 아열대 지역에 넓게 퍼져 있다.

왕달팽이

대고둥과(Family Subulinidae)

주로 밭가나 산기슭의 건조한 지역에서 산다. 우리나라에는 대고둥(*Allopeas clavulinum kyotoense*), **가시대고둥**(*Allopeas pyrgula*)의 2종이 알려져 있다. 가시대고둥은 인가 주변에서 많이 관찰되며, 정원이나 화분 속에서 증식하여 원예작물에 해를 끼치기도 한다. '대고둥'은 대부분의 원추형 달팽이 무리와는 달리, 대나무같이 길고 마디가 있는 모습이어서 붙여진 이름으로 추측한다.

형태 각고 9~10밀리미터, 각경 3밀리미터 정도로 작은 편이다. 껍데기는 입술대고둥과와 비슷한 높은 탑형에 반투명한 회백색을 띠고, 7층의 나층을 이루고 있다. 각구는 길쭉하게 생겼으며, 끝이 날카롭다. 배꼽은 좁은 편이다.

분포 중국, 일본, 인도네시아와 유럽 등지에 분포하며, 우리나라에는 전국 각지에서 발견된다.

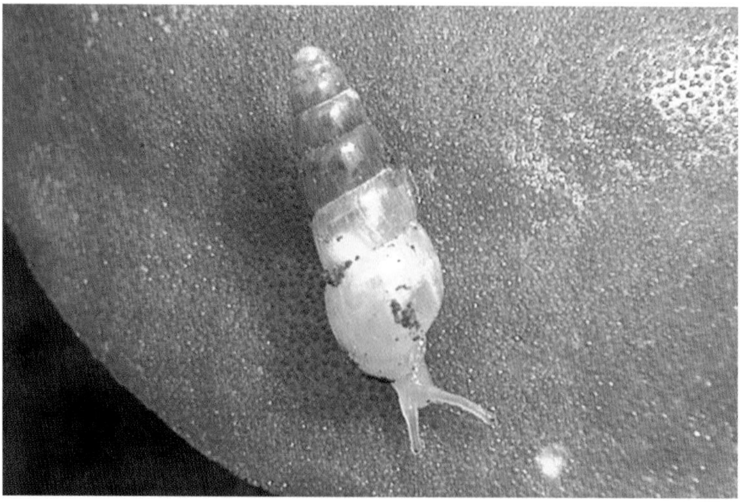

가시대고둥

입술대고둥과(Family Clausiliidae)

주로 숲속의 고목이나 석회암 지대의 돌 틈에서 산다. 우리나라에서는 목포입술대고둥(*Euphaedusa aculus mokpoensis*), **부산입술대고둥**(*E. fusaniana*), 울릉도입술대고둥(*E. fusaniana uturyotoensis*), 금강입술대고둥(*Paganizaptyx miyanagai*), **울릉금강입술대고둥**(*P. miyanagai ullundoensis*), 큰입술대고둥(*Reinia variegata*)의 3속 6종이 채집되는데 목포입술대고둥은 전라남도 일대, 금강입술대고둥은 중북부 일대 그리고 울릉금강입술대고둥과 큰입술대고둥은 울릉도에서만 채집된다. 이에 비해 부산입술대고둥은 전국에서 흔하게 발견되며, 특히 제주도 전역의 돌담 밑에서 떼 지어 살고 있다.

앞서 설명한 대로 '입술대고둥'은 대나무와 같이 길쭉하고, 각구 가장자리(입술)가 특징적으로 도드라져 있어 붙은 이름이다. 육산 달팽이는 대부분 난생이지만, 이 과의 종들은 어미가 새끼를 낳는 난태생이다.

형태 각고 8~16밀리미터, 각경 3~4밀리미터 정도의 중형종에 속한다. 껍데기는 긴 탑형에 짙은 갈색을 띤다. 대부분 6~14층의 아주 높은 나탑을 형성하고 있으며, 모두 왼쪽으로 감겨 있는 좌권패이다.

분포 중국, 일본, 대만 등지에 분포하고, 우리나라에는 제주도와 중부 지역까지 고루 퍼져 있다.

부산입술대고둥

울릉금강입술대고둥

평탑달팽이과(Family Discidae)

기록에는 우리나라에 1속 3종이 있는 것으로 되어 있지만, 지금까지 **평탑달팽이**(*Discus pauper*)와 울릉도평탑달팽이(*D. elatior*) 2종만이 확인되고 있다. 껍데기의 형태가 나탑이 낮은 원추형을 이루고 있어 '평탑달팽이'란 이름을 갖게 된 것으로 보인다.

형태 각고 3~4밀리미터, 각경 6~8밀리미터정도로 작은 편이다. 껍데기의 각 나층에는 거친 세로 주름이 촘촘하게 나타나며, 체층 주연(둘레의 가장자리)이 둥글거나 각이 있다. 배꼽은 좁고 깊다.

분포 시베리아와 중국 북부, 일본 북해도 등 추운 지역에 분포한다. 우리나라에는 울릉도와 중북부 지역에서만 발견되는 북방계 종이다.

평탑달팽이

납작평탑달팽이과(Family Punctidae)

기록에는 우리나라에 1속 4종이 있는 것으로 되어 있지만, 지금까지 **납작평탑달팽이**(*Punctum depressum*)와 울릉도납작평탑달팽이(*P. dageletense*) 2종만이 울릉도에서 확인되고 있다. 두 종 모두 울릉도에서 처음 발견된 한국 특산종이지만, 출현 빈도는 매우 낮다. 평탑달팽이보다 봉합이 깊고, 나탑이 낮아 보여 '납작평탑달팽이'란 이름이 붙은 것으로 생각된다.

형태 각고 4밀리미터, 각경 7밀리미터 정도로 작은 편이며, 평탑달팽이과의 달팽이와 매우 비슷하게 생겼다. 껍데기는 낮은 원추형이다. 각 나층의 봉합이 깊고, 일정한 간격으로 촘촘한 세로 주름이 나타나며, 체층 주연에 둔한 각이 있다. 각구는 둥그스름한 사각형이고, 배꼽이 매우 깊다.

분포 중국, 일본, 시베리아, 러시아 북부 등 추운 지역에 분포하고, 우리나라에는 울릉도에서만 발견되고 있다.

납작평탑달팽이

주름번데기과(Family Diapheridae)

습도가 높은 활엽수림의 낙엽 밑이나 잔돌 틈에서 산다. 육식성이며, 이동 속도가 다른 달팽이에 비해 빠른 것으로 알려져 있다. 우리나라에는 **주름번데기**(*Sinoennea iwakawa*) 1종이 살고 있다. 껍데기가 번데기 모양의 원통형이고, 각 나층에 세로 주름(종륵)이 발달하여 붙은 이름으로 본다.

형태 각고 4밀리미터, 각경 1.5밀리미터 정도로 매우 작다. 껍데기는 원통형이며, 회백색을 띤다. 꼭지를 제외한 모든 나층에 규칙적이고 촘촘한 세로 주름이 나타난다. 봉합이 깊어 각 나층이 뚜렷하고, 체층 아랫면이 편평하다. 각구 윗부분이 움푹 들어가 있고, 가장자리를 따라 두껍고 강한 치상돌기가 4개 있다.

분포 일본, 대만, 인도네시아 등 아열대 지역에 분포하고 있다. 우리나라에는 제주도에서만 발견된다.

주름번데기

나사호박달팽이과(Family Gastrodontidae)

과거 호박달팽이과에 속하였던 포항호박달팽이속(*Zonitoides*)의 **포항호박달팽이**(*Z. arboreus*)와 포항호박달팽이아재비(*Zonitoides yessoensis*)가 나사호박달팽이과로 옮겨져 2종이 알려져 있다. 주로 인가와 가까운 주변 숲이나, 원예용 작물 주변에 출현한다.

포항호박달팽이는 북아메리카 원산이며, 우리나라로 들어온 후 정원이나 화분에 대량 증식하여 원예작물에 피해를 주기도 하였다. 국내에서는 포항에서 처음 발견되었고, 모양과 껍데기의 색이 늙은 호박을 닮아 '포항호박달팽이'라 불리게 되었다.

형태 각고 2밀리미터, 각경 5밀리미터 정도로 작은 편이다. 껍데기는 낮은 원추형에 얇고, 짙은 갈색 또는 호박(琥珀)색을 띤다. 배꼽은 깊고 뚜렷하다.

분포 북유럽, 시베리아, 캄차카반도, 알래스카, 북아메리카 등지에 분포한다. 우리나라에는 전국에 걸쳐 나타난다.

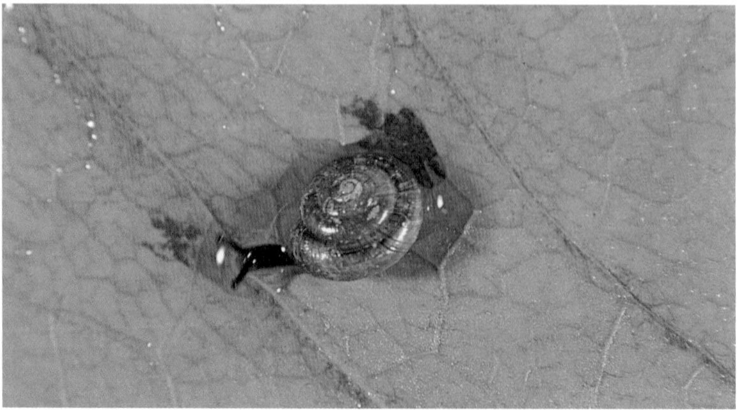

포항호박달팽이

밤달팽이과(Family Helicarionidae)

난대성 종이 우세하여 남부 지방으로 갈수록 종 수나 개체 수가 풍부해진다. 우리나라에는 모두 9속 16종이 알려져 있어 달팽이과 다음으로 종이 많다(우리나라 달팽이 목록 참조). 껍데기가 매우 얇고 매끈하며 광택이 나는 갈색으로 밤과 비슷하여 '밤달팽이'라는 이름이 붙었다.

형태 각고 1~8밀리미터, 각경 1.8~5밀리미터로 크기가 다양하다. 나탑이 높거나 낮지만 대체로 원추형이다. 체층이 크고 대부분 둥글지만, 체층 주연에 각이 있는 종도 있다. 대부분 배꼽이 있으며, 배꼽은 매우 좁고 얕다.

분포 중국, 일본, 대만 등지에 분포한다. 우리나라에도 전국에 걸쳐 나타난다.

수정밤달팽이

남방밤달팽이

부산밑자루밤달팽이

호박달팽이과(Family Zonitidae Mörch, 1864)

밤달팽이과의 종들과 생김새가 비슷하나 호박달팽이과의 종은 나탑이 낮으며, 깊고 뚜렷한 배꼽을 가지고 있다. 개체 수는 그리 많지 않은 것으로 보인다. 우리나라에는 하와이호박달팽이(*Hawaiia minuscula*), 호박달팽이아재비(*Retinella radiatula*), **호박달팽이**(*R. radiatula coreana*) 3종이 기록되어 있다. 껍데기 색이 늙은 호박을 닮아 '호박달팽이'란 이름이 붙게 되었다.

형태 각고 1.2~3밀리미터, 각경 2~6밀리미터 정도로 작은 편이다. 껍데기는 낮은 원추형으로 얇고, 호박(琥珀)색을 띤다. 체층 밑면이 편평하고, 배꼽은 좁지만 뚜렷하다.

분포 인도, 일본, 코스타리카, 북아메리카 등지에 분포한다. 우리나라에는 전국에 걸쳐 살고 있지만 출현 빈도가 낮다.

호박달팽이

달팽이과(Family Bradybaenidae)

달팽이 하면 연상되는 종의 무리이다. 주로 관목림의 낙엽이 쌓인 곳에서 살며, 가끔 나무 위에서도 발견된다. 우리나라의 육산 달팽이 가운데 가장 종이 많다(우리나라 달팽이 목록 참조). 지금까지 확인된 종만 10속 23종이며, 문헌에 기록된 종까지 합하면 30여 종이 넘는다. 우리나라에서 가장 흔한 달팽이(*Acusta despecta sieboldiana*)와 가장 큰 **동양달팽이**(*Nesiohelix samarangae*), 좌선형인 왼돌이배꼽털달팽이(*Aegista diversa*) 등이 있고, 울릉도 특산종인 울릉도달팽이(*Karaftohelix adamsi*)와 현재 홍도에서만 발견되는 **참달팽이**(*Koreanohadra koreana*)는 환경부 멸종위기 야생생물 2급으로 지정되어 있다.

달팽이들의 이름에는 제주, 부산, 목포, 삼방, 내장산, 충무 따위의 지명이 붙은 경우가 많다. 생물의 이름을 지을 때 지명을 사용하는 것은 권장할 사항이 아니지만, 달팽이들이 좁은 지역에만 출현할 가능성이 높기에 이러한 지역 이름들을 붙이지 않았을까 싶다. 동양달팽이는 우리나라를 대표하는 대형 달팽이로 원래 이 종의 학명은 헬릭스 오리엔탈리스(*Helix orientalis*)였다. 그러다가 1943년 일본 패류학자 구로다와 미야나가에 의해 지금의 학명으로 변경되었고, 국명(우리말 이름) '동양달팽이'는 최초로 보고된 종소명 '*orientalis*'의 뜻으로 1965년 이병돈 선생께서 명명하였다.

형태 각고 4~34밀리미터, 각경 5~42밀리미터로 종류에 따라 크기 차이가 심하다. 껍데기는 대체로 원추형에 황갈색을 띠고,

매끈하거나 털로 덮여 있기도 하다. 체층이 크며, 대부분 넓고 깊은 배꼽이 있다. 동양달팽이, 북한산달팽이, 참달팽이, 충무띠달팽이 등은 색대가 있다.

분포 동양이 원산으로 주로 중국, 일본, 대만 등지에 분포하며, 우리나라 각지에서 발견된다.

동양달팽이

제주배꼽털달팽이

1. 북한산달팽이
2. 내장산띠달팽이
3. 충무띠달팽이 4. 참달팽이

외줄달팽이과(Family Camaenidae)

우리나라에서는 유일하게 **거제외줄달팽이**(*Satsuma myomphala*) 1종이 속해 있다. 거제도와 거문도에서 발견되었으며, 1980년도에 국내 미기록 종으로 발표되었다. 서식지 면적이 좁고, 출현 빈도가 매우 낮아 환경부 멸종위기 야생생물 2급으로 지정되어 있다. 거제도에서 발견된 데다 한 줄의 가는 적갈색 띠가 껍데기를 두르고 있어 '거제외줄달팽이'란 이름이 붙었다.

형태 각고 27밀리미터, 각경 37밀리미터로 크기가 매우 크다. 껍데기는 원추형이며, 옅은 황갈색을 띤다. 봉합이 얕고, 주연은 둥글며, 배꼽은 있지만 안이 닫혀 있다.

분포 중국 남부와 일본, 대만 등 따뜻한 지역에 분포한다. 우리나라에는 거문도와 거제도에 출현한 기록이 있다.

거제외줄달팽이

뾰족민달팽이과(Family Limacidae)

우리나라에 있는 뾰족민달팽이과의 달팽이들은 모두 이입종(移入種, 자연 분포 지역 외의 지역에 인위적으로 도입된 종)이다. 현재까지 우리나라에는 **작은뾰족민달팽이**(*Deroceras reticulatum*), **노랑뾰족민달팽이**(*Limax flavus*), **두줄민달팽이**(*L.marginatus*)의 2속 3종이 발견되고 있다.

작은뾰족민달팽이는 온실이나 비닐하우스는 물론이고, 인가 주변의 밭이나 정원 등에 살면서 농작물에 많은 피해를 주고 있다. 노랑뾰족민달팽이는 크기가 크며, 제주도와 경남 밀양에서 발견되었다. 두줄민달팽이는 항구 도시나 섬 지방의 녹지대에 출현하지만, 직접적인 농작물 피해는 아직 없는 것으로 알려져 있다. '뾰족민달팽이'란 이름은 민달팽이류와 달리 꼬리 끝에 '용골(龍骨)'이라는 뾰족한 돌기가 있어 붙은 것이다.

형태 체장 50~130밀리미터, 체폭 6~14밀리미터의 중형종에 속한다. 뾰족민달팽이과의 달팽이들은 껍데기가 퇴화하여, 머리 부분만 덮고 있는 외투막 속에 작은 렌즈 모양의 흔적이 남아 있다. 외투막 오른쪽에는 호흡공이 있는데, 호흡공이 외투막보다 앞에 있으면 유럽민달팽이과(Arionidae)로, 뒤에 있으면 뾰족민달팽이과(Limacidae)로 분류한다. 현재 우리나라에서 발견되는 종들은 모두 후자에 속한다.

분포 유럽과 우리나라 각지에서 발견된다.

1. 작은뾰족민달팽이
2. 노랑뾰족민달팽이
3. 두줄민달팽이

1
2
3

민달팽이과(Family Philomycidae)

우리나라에는 **민달팽이**(*Meghimatium bilineatum*)와 **산민달팽이**(*M. fruhstorferi*) 2종이 알려져 있다. 민달팽이는 남부 지방의 인가 주변에도 잘 나타나며, 채소나 버섯 농가에 해를 끼치는 종이다. 반면, 산민달팽이는 주로 깊은 숲속의 고목에 붙어서 산다.

형태 체장 50~150밀리미터, 체폭 10~20밀리미터의 대형종에 속한다. 민달팽이는 분홍색 또는 적갈색의 체색 변이가 있고, 몸의 등과 옆에 2~3줄의 띠가 있다. 산민달팽이는 어린 개체의 등 면에 불연속적인 검은 반점이 나타나지만, 성체가 되어 체색이 검은색으로 변하면서 반점은 사라진다. 껍데기는 완전히 퇴화하여 없으며, 두꺼운 외투막이 몸 전체를 덮고 있다.

분포 동양이 원산으로 중국, 일본, 대만 등지에 분포한다. 우리나라에도 제주도에서 중북부 지역까지 출현하지만, 남부 섬 지방에서 훨씬 많은 개체가 발견된다.

민달팽이

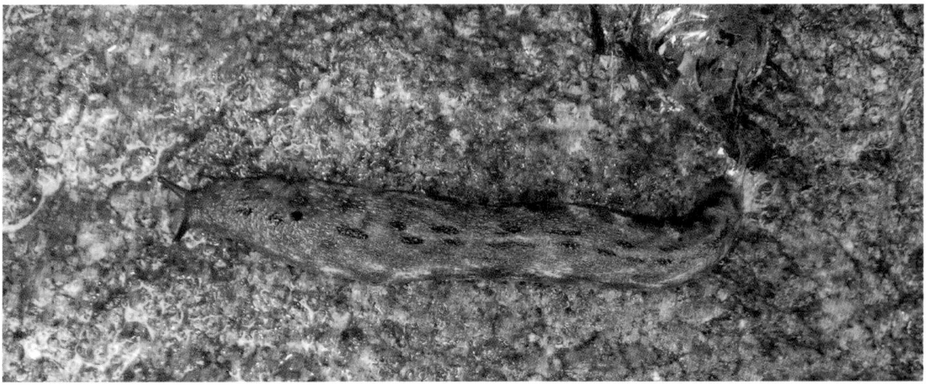

산민달팽이

우리나라 달팽이에 관한 최초의 기록

1843년에서 1849년 사이에 군함 사마랑(Samarang)호를 타고 우리나라에 도착한 영국 해군 군의관 애덤스(A. Adams)는 남부 해안에서 달팽이를 채집한 기록을 남겼다. 이때 채집한 육산 달팽이를 1850년에 '*Helix coreanica*'와 '*Helix orientalis*'로 발표한 것이 우리나라 달팽이에 관한 최초의 보고서이다.

여기에는 '이 달팽이는 한국의 섬 지방에서 흔히 보는 것으로, 사람들은 이 달팽이를 먹기도 한다(This is the common snail of the islands of the Corean Archipelago, where it is used as an article of food)'라고 쓰여 있다. 이 내용으로 보아 당시 남부 섬 지방에는 이 종이 흔하였고, 섬 주민들이 이를 식용하고 있었던 모양이다.

어쨌든 이때 발표된 '*Helix coreanica*'와 '*Helix orientalis*'는 1943년 일본인 구로다와 미야나가에 의해 같은 종으로 정리되었고, '*Helix*' 속(屬)은 '*Nesiohelix*'로, '*coreanica*' '*orientalis*' 종(種)은 그때의 군함 이름을 따 'samarange'로 바꾸었다. 이 '*Nesiohelix samarange*'가 동양달팽이의 학명으로 동양달팽이는 우리나라 달팽이 가운데 가장 크고, 또 세계에 가장 먼저 알려진 한국 특산의 육산 달팽이다.

3

달팽이는 사람과 어떻게 함께 살아갈까?

'달팽이'라는 이름의 유래

『동의보감』 가운데 「탕액편」을 보면, '녹상라(綠桑螺)'라는 것이 나오고, 이를 '뽕나모 우희 인ᄂᆞᆫ 돌팡이(뽕나무 위에 있는 달팽이)'로 번역해놓았다. 여기서 주목할 점은 그 당시 사람들이 달팽이를 약재로 이용하면서 '달팽이'라 부르고 있었다는 사실이다. 실제로 달팽이를 어떤 병에 썼는지는 알 수 없으나, 허준 선생이 말한 '돌팡이'는 논이나 밭에서 흔히 볼 수 있는 달팽이(*Acusta despecta sieboldiana*) 종류였을 것이라 생각한다.

'달팽이'란 이름이 어디서 유래했는지 정확히 따지기는 어렵지만, 아마도 둥근 모양이 어린이들 장난감인 팽이와 비슷하고, 나뭇가지나 담벼락 같은 곳에 매달려 있기 때문에 붙은 이름이 아닐까 한다.

달팽이를 한자로는 '와우(蝸牛)'라 하는데, 소처럼 느려서 또는 달팽이의 모습이 마치 엎드린 소와 같아서 그런 이름이 붙은 것 같다. 한자 성어 가운데 '달팽이 뿔(더듬이) 위에서의 싸움'이란 뜻의 '와우각상전(蝸牛角上戰)'은 거창한 싸움 같지만 하찮은 일에 불과함을 일컫는 말이다. 그리고 속이 비어 있으면서 나선형인 것을 '와우각상(蝸牛角狀)'이라 하고, 사람의 속귀에 있는 달팽이관을 옛날에는 '와

우관(蝸牛管)'이라 불렀다.

영어에서도 달팽이(snail)는 '느리고 천천히(slow and steady)'라는 뜻을 담고 있다. 만일 'walk like a snail(달팽이처럼 걷다)'이라 한다면 이는 아주 느리고 천천히 걷는 것을 가리킨다. 사람들이 달팽이를 좋아하는 이유는 모나지 않은 둥그스름한 모양에 있기도 하겠지만, 달팽이의 행동이 서두르지 않고 마냥 굼뜨기에 그렇기도 할 것이다.

일류 요리의 재료, 달팽이

달팽이를 가장 즐겨 먹는 나라는 아마도 프랑스일 것이다. 달팽이 요리는 특히 정력에 좋고, 피부 노화를 막아준다고 해서 사랑을 받고 있다. 유명한 달팽이 요리로는 프랑스 부르고뉴(Bourgogne) 지방의 **에스카르고**(*Helix pomatia*)라는 달팽이를 재료로 해서 만든 '에스카르고'이다.

최근 우리나라에서도 식용 달팽이(에스카르고)를 수입하여 고급

↑ 에스카르고 ↗에스카르고 요리

호텔에서 비싼 달팽이 요리로 팔고 있지만, 식용으로 쓰이는 대부분의 달팽이는 동아프리카가 원산인 왕달팽이(*Achatina fulica*)다. 물론 건강식품으로 팔리는 달팽이 역시 에스카르고가 아닌 왕달팽이다.

농작물에 피해를 주는 식용 달팽이

일본 남쪽 지방에서는 사육실에서 빠져나온 왕달팽이들이 야생에서 크게 번식하여 농작물에 많은 해를 끼친다고 한다. 우리나라에서도 도입 초기에는 야생에서 자연 번식하는 경우가 없었으나, 점차 국내 기후에 적응한 개체들이 생겨나고 있다. 더욱이 농가에서는 모내기 이후 논에 왕우렁이를 방사하여 제초 효과를 보는 '우렁이 농법'이 보급되어, 이제 전국의 논이나 습지에서 왕우렁이를 쉽게 발견할 수 있다. 국내 기후에 적응한 야생 왕우렁이의 대량 번식으로 자연 생태계를 위협하는 일이 나타나지 않았으면 하는 바람이다.

한편, 2017년 국립생태원은 국내 유입 외래 생물 정밀 조사 결과를 토대로 왕우렁이를 위해성 1급으로 지정한 바 있다. 위해성 1급은 생태계 교란을 일으킬 가능성이 높아 별도의 관리 대책을 세워 수거, 퇴치해야 할 종이다.

국내에 유입된 왕달팽이 외에 민물에 사는 섬사과우렁이(*Pomacea insularus*)도 양식을 목적으로 들여왔다. 이 종의 원산지는 남아메리카로 아시아에는 1979년 대만에 처음 유입되었고, 대만에서 일본을 거쳐 1986년에 국내로 유입되었다. 한때 섬사과우렁이도 왕우렁이처럼 농가에서 사육하였으나, 어느 순간부터 모두 왕우렁이만을 사육하면서 국내 기후에 적응하기 전에 도태되었다. 따라서 현재 섬사과우렁이는 국내에 더 이상 존재하지 않는 것으로 판단하고 있다.

기생충을 옮기는 달팽이

일부 연체동물은 사람을 포함한 고등 척추동물에 기생충을 옮기는 매개체가 되기도 한다. 이때 연체동물은 기생충의 중간숙주가, 사람이나 고등 척추동물은 최종숙주가 된다.

우리가 많이 아는 간흡충이나 폐흡충 그리고 주혈흡충 같은 흡충류는 생활사가 대부분 물속에서 이루어지기 때문에 물속에 사는 **물달팽이**나 **쇠우렁이**, **참다슬기** 등을 중간숙주로 이용한다. 따라서 뭍에 사는 달팽이류는 기생충의 중간숙주가 되지는 않는데, 예외적으로 췌질충이라고 하는 기생충만은 뭍에 사는 **달팽이**를 제1 중간숙주로 삼는다.

췌질충에 감염되는 경로를 보면, 우선 췌질충에 감염된 환자의 배설물과 함께 배출된 췌질충 알을 달팽이가 풀과 함께 먹고 그 알이 달팽이 몸속에서 부화한다. 부화한 췌질충의 유충은 무미흡충(세르카리아)으로 자란다. 그 후 여치의 일종인 **쌕쌔기** 등에게 다시 감염되고, 최종적으로는 소나 양 등에게 감염되나 간혹 사람에게 감염된 사례도 있다. 감염 부위는 췌관(담관)이다.

흡충류를 옮기는 민물달팽이

참다슬기

물달팽이

쇠우렁이

췌질충의 중간숙주

달팽이

쌕쌔기

달팽이 채집하기

달팽이를 채집하고자 하는 장소에 이르면, 습하고 낙엽이 수북이 쌓인 곳 또는 커다란 나무 밑이나 쓰러진 나무 주변을 살펴보도록 한다. 산에서 굴러 내려온 낙엽이 많이 쌓이는 산비탈과 평지가 닿은 곳은 달팽이들이 특히 좋아하는 곳이다.

아무리 달팽이들이 많이 살고 있음직한 곳이라도 정작 달팽이를 찾으려면 세심한 관찰이 필요하다. 몸집이 큰 종도 나무나 낙엽과 비슷한 보호색을 띠고 있어 쉽게 눈에 띄지 않기 때문이다. 따라서 몸집이 작은 종을 찾으려면 몸을 낮추고 낙엽이나 잔돌들을 하나씩 천천히 들춰 보아야 한다.

달팽이를 채집하려면 한낮보다는 저녁 무렵이나 이슬이 채 마르지 않은 아침이 좋다. 장마철이나 비가 많이 오는 여름에는 달팽이들이 활발하게 활동하므로 채집하기가 쉽지만, 수풀이 우거져 찾기란 쉽지 않다. 반면 겨울에는 양지바른 곳의 낙엽이나 잔돌 아래에서 달팽이들이 무리 지어 겨울잠을 자는 것을 발견할 수 있다. 이런 경우에는 한번에 많은 개체를 채집할 수 있다.

채집한 표본을 살려서 옮기고자 할 때에는 계절에 상관없이 반드

달팽이를 채집할 때 필요한 것들

채집 복장

산 속에서 달팽이를 채집할 때는 복장에 특히 유의해야 한다. 달팽이들은 대부분 낙엽 더미나 덤불, 돌무덤 등에서 주로 발견되므로 몸을 굽히거나 땅바닥에 쪼그리고 앉아서 채집해야 하는 경우가 많다. 그래서 여름에는 무릎을 굽히기에 편한 등산용 바지를 입는 것이 좋고, 반드시 긴팔 옷을 착용해야 한다. 챙이 넓은 모자는 작업하다 보면 나뭇가지에 자꾸 걸리니 가능하면 운동모자 같은 것이 좋다. 면장갑도 준비하자. 또 한여름 숲속에서 채집을 하다 보면 모기 때문에 고생을 하는 경우가 많은데, 이럴 때 휴대용 모기 퇴치기가 있으면 아주 유용하게 쓸 수 있다.

채집 도구

달팽이를 잡을 수 있는 핀셋은 끝이 뾰족하지 않고 무딘 것으로 준비한다. 사실 크기가 큰 종들은 직접 손으로 잡는 것이 가장 좋다. 그런데 크기가 아주 작은 종들을 채집할 때 핀셋을 쓰면 껍데기가 깨질 염려가 있으므로 작은 곤충을 채집할 때 쓰는 흡충관(吸蟲管)을 이용한다. 흡충관이 없을 때는 주변의 솔잎이나 가느다란 막대기에 침을 묻혀 사용하기도 한다.

달팽이를 담을 채집통은 뚜껑이 있는 플라스틱이나 유리로 된 통을 준비하면 된다. 시중에서 파는 플라스틱 재질의 주스나 우유와 같은 음료수병, 또는 필름 통 등을 준비하는데, 채집된 달팽이들을 크기에 따라 분류하여 각각 다른 통에 넣어야 한다. 만약 크기가 서로 다른 달팽이들을 한 통에 같이 넣으면, 작은 종이 큰 종의 껍데기 속으로 기어 들어가기 때문에 나중에 찾을 수가 없다.

채집이 끝난 후에는 공기가 드나들 수 있도록 뚜껑 대신 망으로 덮고, 통 둘레를 고무줄로 동여매 준다. 그리고 통에는 반드시 유성펜으로 채집 장소를 기록한다. 또 달팽이들은 종류에 따라 살아가는 환경이 다르므로 야외관찰일지와 필기도구를 준비해서 채집한 달팽이의 종류와 환경 등을 기록한다. 채집한 달팽이를 확대경으로 잘 살펴 특성을 적어두면 다음 채집 때 매우 유용한 자료가 된다.

시 채집 병에 넣어 와야 한다. 얇은 껍데기를 가진 작은 달팽이들은 미세한 충격에도 쉽게 부스러지기 때문이다. 따라서 먼저 채집 병의 바닥에 솜을 두툼히 깐 뒤 채집한 달팽이를 넣고, 축축한 신문지를 덮은 다음 뚜껑을 느슨히 닫아준다. 뚜껑 대신 망사를 덮어주어도 좋다.

예전에 필자가 울릉도에서 달팽이를 채집했을 때의 일이다. 달팽이를 병에 넣고 공기가 들어가게 해준다고 병뚜껑을 덮는 둥 마는 둥 했다가 나중에 달팽이들이 모두 기어 나와 방 벽 가득히 붙어 있어서 기겁을 했던 기억이 있다.

달팽이 기르기와 반려 달팽이

사육 상자 만들기

달팽이를 키우는 것은 그리 어렵지 않다. 달팽이를 자세히 관찰하려면 가로 20, 세로 10, 높이 15센티미터 정도의 유리나 아크릴로 상자를 만들어 안을 들여다볼 수 있게 하는 것이 좋다.

상자의 바닥에는 잔자갈을 한 층 깔고 그 위에 3~4센티미터 두께로 모래를 덮는다. 그 위에 다시 달팽이를 채집한 곳의 잘 썩은 흙과 낙엽을 4~5센티미터 정도 깔아준다. 가능한 한 제가 살던 곳과 비슷한 환경을 만들어주어야 달팽이를 건강하게 잘 키울 수 있기 때문이다. 참고로, 모래나 흙은 섭씨 100도 이상의 열을 가해 건조하는 것이 좋은데, 이는 흙 속에 있는 선충이나 작은 곤충의 유충 등 달팽이의 천적을 없애기 위함이다. 일반 가정에서는 냄비나 솥에 흙을 볶아주는 것도 좋다. 맨 위에는 썩은 나무토막이나 큰 돌 몇 개를 놓아두도록 한다.

달팽이의 크기가 너무 작을 때는 큰 달팽이와 함께 두지 말고, 지름 10센티미터 정도의 페트리 접시(샬레라 부르기도 한다)에 넣고 키우는 게 좋다. 이때도 소독한 부엽토와 낙엽을 얇게 깔아준다.

먹이 주기

달팽이는 얇게 썬 오이나 토마토, 당근 그리고 배추나 무 이파리 등 채소 종류면 어느 것이나 잘 먹는다. 또한 달팽이 껍데기의 주성분이 탄산칼슘이므로 달걀이나 조개껍데기 등을 함께 넣어주면 좋지만, 요즈음에는 달팽이 사료를 구입해서 주는 경우가 많다.

달팽이는 청결한 동물이라 먹이를 줄 때는 되도록 유리 접시에 얹어서 주고, 먹다 남은 것과 배설물은 빨리 치워주어야 구더기나 선충류가 생기는 것을 막을 수 있다. 습도를 조절해주는 것 역시 중요한데, 먹이를 줄 때마다 분무기로 물을 뿌려서 준다. 이때 수돗물을 사용할 경우에는 하루 이상 받아 두었다가 주는 것이 좋다.

사육 상자 안에서 채소를 먹는 왕달팽이들

당근 먹은 달팽이는 붉은색 똥을 싼다

암탉에게 하루는 옥수수만을, 다음 날은 시금치를, 또 그 다음 날은 당근을 먹이에 섞는 등 매일 다른 색깔의 먹이를 먹게 하였다. 그런 다음 닭이 낳은 달걀을 삶아 노른자위를 예리한 면도칼로 잘라 보면 노른자위에 색색의 고리가 생긴 것을 알 수 있다. 그 고리 하나하나는 매일 자란 것으로, 닭이 먹은 먹이의 색소가 달걀노른자에 침착되어 나타난 현상이다. 마찬가지로 달팽이에게 당근을 먹이면 불그스름한 색의 똥을, 시금치를 먹이면 초록색의 똥을 싼다. 양분은 분해되어 흡수되지만, 그날그날 무슨 색의 먹이를 먹었는가에 따라 똥의 색깔이 달라지는 것이다.

달팽이는 그늘지고 습기가 많은 곳을 좋아하므로 사육 상자는 밝은 곳보다는 약간 어두운 곳에 두도록 한다. 먹이, 습도, 그늘 외에 적당한 온도를 유지해주는 것도 달팽이를 사랑하는 사람이라면 반드시 챙겨야 할 일이다. 정성을 들여 키우다 보면 재미도 느낄 수 있을 것이다.

반려 달팽이

최근 반려동물로 달팽이를 기르는 가정이 늘고 있다. 특히 어린 아이들에게는 달팽이의 모습과 그 움직임이 흥미로운 관찰 대상이다. 대부분 가정에서 키우는 달팽이는 백와 또는 흑와로 부르는 종인데, 정확한 명칭은 아프리카가 원산지인 '왕달팽이'다. 발을 포함한 연체부의 색이 연한 미색을 띠면 백와, 짙은 갈색을 띠면 흑와라 부르는 듯하다. 이 왕달팽이는 육산 달팽이라 기르기가 쉽고, 성장 속도가 빨라 사람들이 많이 키우는데 처음에는 관상용이 아닌 식용을 목적으로 국내에 도입되었다.

우리나라 자생 달팽이를 키우는 동호인도 점차 증가하고 있다. 가장 흔한 경우로는 명주달팽이라 불리는 달팽이를 키우는 것이고, 좀 더 전문적인 경우로는 동양달팽이, 내장산띠달팽이, 충무띠달팽이, 북한산달팽이와 같이 크기가 크고 색대를 지닌 달팽이과에 속한 종류를 키우는 것이다. 보통 현장에서 채집해 사육하는 편으로, SNS(Social Network Services)를 통해 관련 정보 등을 나누고 있다.

현재 우리나라에서 멸종위기종으로 지정된 육산 달팽이는 울릉도달팽이·거제외줄달팽이·참달팽이 3종이며, 관찰종으로는 두타산입술대고둥 아재비 1종이 지정되어 있다. 이러한 법정보호종은 특별한 허가를 받기 전에는 채집이 불가능하므로 주의해야 한다.

반려동물로 많이 키우는 왕달팽이

보호해야 할 특산종 달팽이

특산종이란 한정된 지역에만 출현하는 희소성이 높은 종을 말하며, '고유종'이라고도 한다. '국제자연보호연맹(IUCN: International Union for Conservation of Nature and Natural Resources)'에서 정한 〈적색목록(Red List)〉에 오른 무척추동물 가운데에는 육상이나 민물에 사는 연체동물이 가장 많다. 이 동물들이 여기저기 넓게 분포하지 않고 일정한 지역에 한정되어 살기 때문이다. 심지어 호주에서는 어떤 달팽이의 분포 범위가 2제곱킬로미터(km^2)밖에 되지 않는 경우도 있다니, 그 바깥 지역에는 그 종이 없다는 말이 된다. 달팽이들은 왜 지리적으로 고립될 수밖에 없을까.

잘 알다시피 달팽이는 빨리 움직이지 못해 멀리까지 가는 것이 힘들다. 설사 다른 곳으로 간다 해도 이동 중에 천적에게 노출될 확률이 높고, 혹독한 날씨도 견뎌야 한다. 살기에 적합한 장소를 찾는다는 보장도 없다. 그래서 대부분의 달팽이들이 사는 곳은 알에서 깨어 나온 장소에서 크게 벗어나지 않는다. 그곳은 이미 어미 달팽이들이 대대로 살아온 곳이어서 살기에도 적합하다. 내륙보다 섬 지역에 고유종이 더 많은 이유도 여기에 있다.

적색목록(Red List)이란

국제자연보호연맹은 1960년대 초, 지구 생물들이 처한 위기 상황을 평가하고 보호 정책과 방법을 결정하는 일의 중요성을 인식하면서 〈적색목록〉을 고안해냈다. 여기서는 생물을 절멸종, 위기종, 취약종 등으로 구분하여 2~5년마다 종의 범위와 서식지, 주된 위협 요인 등을 밝히고 보호 수단을 마련하는 정보도 제공하고 있다.

우리나라에서도 2011년부터 한국의 멸종위기 야생동식물 적색자료집을 출간하고 있으며, 연체동물은 2012년에 필자에 의해 출판되었다. 이 책은 우리나라 연체동물 1963종에 대하여 위급 4종, 위기 19종, 취약 57종, 준위협 82종, 최소 관심 538종, 정보 부족 923종, 미평가 264종, 미적용 31종으로 평가하였다. 이 가운데 멸종우려 부류에 해당하는 위급의 4종은 두타산입술대고둥아재비, 거제외줄달팽이, 울릉도달팽이 그리고 담수산 두드럭조개이다.

그렇다면 전국에 걸쳐 나타나는 달팽이는 어떻게 된 것일까. 이러한 종들 역시 스스로 이동해서 새로운 삶터를 개척할 수 있는 재주는 없다. 그런데 이들이 주로 사는 장소를 보면 대부분이 평지이며, 그것도 인가 주변이다. 그러니 폭우나 홍수 등의 자연재해는 오히려 이들을 널리 흩어지게 하는 중요한 요인이 된다. 장마철이나 비가 많이 올 때 농로(農路)나 수로(水路) 벽에 붙어 떠내려가지 않으려고 안간힘을 쓰는 달팽이를 종종 볼 수 있다. 이외에 민달팽이나 가시대고둥, 포항호박달팽이는 주로 화분이나 화훼 작물 등에 묻어서 이동한다.

한편, 우리나라의 달팽이 가운데 특정 지역에서만 볼 수 있는 특산종은 모두 56종으로 국내 육산 달팽이 종 수의 50퍼센트 이상을 차지한다. 이렇게 한 지역에서 특산종의 비율이 높은 예는 찾아보기가 힘들다. 더군다나 한국 특산종이라고 해도 한정된 지역에만 나타나는 종이 많아서 더욱 보호를 해야 한다. 예를 들면, 거문도에만 사는 **거문도좀혹달팽이**·**거문도깨알달팽이**, 제주도에만 사는 **제주애기산우렁이**·**제주혹달팽이**·**제주깨알달팽이**·**아리니아깨알달팽이**, **수정밤달팽이**·**제주밤달팽이**·제주배꼽털달팽이, 울릉도에만 사는 울릉도모래고둥·**울릉금강입술대고둥**·**울릉도밤달팽이**·**울릉도달팽이**, 홍도에만 사는 **참달팽이** 등이다. 이들은 세계 어느 곳에도 없는 고유종이다. 따라서 섬에서 사라지면 나라 안에서만이 아니라 나라 밖 어디에서도 다시는 살아 있는 이들을 볼 수 없게 될지도 모르는 일이다.

거문도 특산종

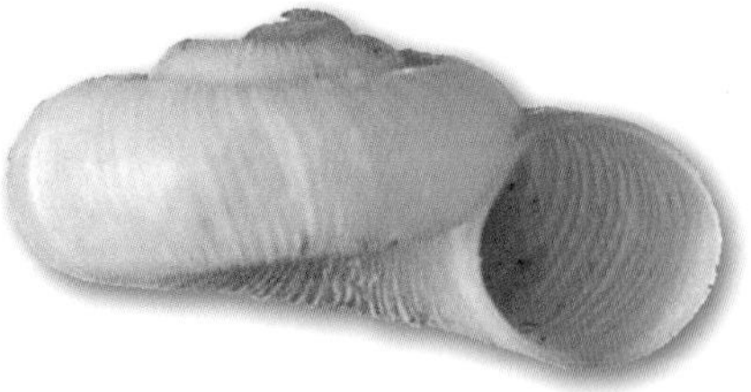

거문도좀혹달팽이

거문도깨알달팽이

울릉도 특산종

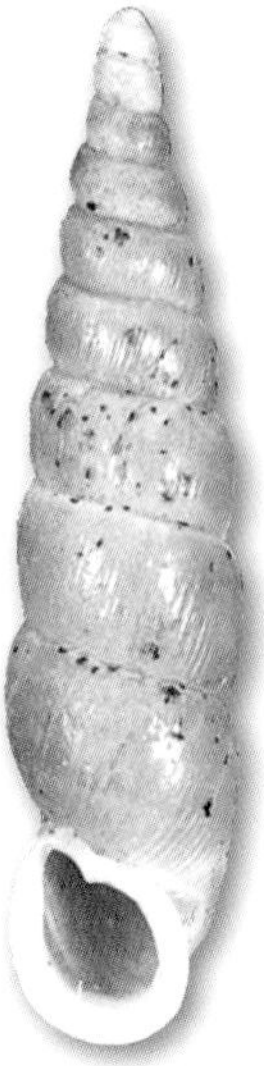

울릉도달팽이

울릉금강입술대고둥

울릉도밤달팽이

홍도 특산종

참달팽이

제주도 특산종

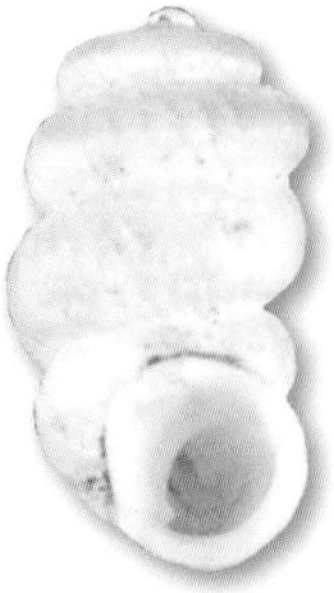

아리니아깨알달팽이

수정밤달팽이

제주혹달팽이

제주밤달팽이

제주애기산우렁이

제주깨알달팽이

'골뱅이(@)'의 역사

우리가 흔히 '골뱅이', '돼지꼬리'라 부르는 @. 컴퓨터가 지금처럼 널리 쓰이기 전에는 뭐라 불러야 할지 난감하게 만들던 기호다. 그런데 이 기호가 전자우편 주소에 어김없이 쓰이면서 디지털 시대의 상징처럼 떠올랐다. 흥미로운 점은 나라마다 @를 부르는 이름이 가지가지라는 것. 남아프리카에서는 원숭이꼬리, 이탈리아에서는 달팽이, 중국에서는 생쥐라 한다.

@의 역사는 어떻게 시작된 것일까. 〈아시안 월스트리트 저널〉에 실린 기사에 따르면 @는 미국의 컴퓨터 프로그래머 레이 톰린슨(Ray Tomlinson)이 1971년 전자우편을 개발하며 처음 사용했다고 한다. 전자우편에서 발신자 이름과 위치를 구분해보겠다는 발상에서였다.

하지만 @라는 기호의 역사는 이보다 더 거슬러 올라간다. 8세기 무렵부터 사용된 것으로 추정되며, 영어로 치면 'to', 'at'에 해당하는 라틴어 전치사 'ad'를 줄인 것이다. 당시에는 양피지가 워낙 귀해서 한 글자라도 생략해보려고 ad를 표기할 때 a를 먼저 쓰고 d를 겹쳐 써 지금의 모양을 고안해냈다는 설이 유력하다. 역사로 따지자면 영국의 파운드화 표시보다 훨씬 오래됐다는 것.

또 미국의 초대 대통령 조지 워싱턴의 편지에도 @가 등장한다. 잉크와 종이 등을 보급해달라는 송장에 '단위당 가격'이란 의미로 빈번히 사용되었다. 매년 수십억 개의 전자우편이 오가는 인터넷 시대에 @이란 배달꾼의 역할은 점점 더 중요해지고 있다.

(중앙일보 1999. 11. 24. 기사)

달팽이와 사람

사람은 여러 동식물에 의존하며 살아가는 존재이다. 먹을거리를 얻기 위해서도 그렇고, 더 나아가 즐거움을 얻기 위해 자연에서 영감을 얻기도 한다.

앞에서도 말했지만 우선 서양에서는 달팽이를 고급 요리의 재료로 이용한다. 쫀득거리며 씹히는 것이 맛이나 영양 면에서 모두 좋다고 한다. 달팽이 살을 잘게 썰고 거기에다 마늘 가루와 버터 등을 버무려서, 그것을 다시 빈 달팽이 껍데기에 넣어 쪄내니 재료나 먹는 방식으로 보아 먹을 것이 귀하던 옛날 음식임에 틀림이 없다.

일본 사람들은 민달팽이만 보면 사족을 못 쓰고 날것으로 먹었다고 하는데 기이하게만 보인다. 우리나라에서도 민달팽이를 짝불알인 아이나 허리가 아픈 사람들에게 구워 먹였다고 한다. 약효에 대해서는 정확히 알 수 없지만, 엄지손가락보다 더 굵은 산민달팽이를 구워놓으면 맛도 괜찮았을 것이고, 못 먹던 시절에 영양가도 무시하지 못했을 일이다.

한편, 영국의 백화점에 가면 한쪽 구석에 '달팽이'가 가득 쌓여 있다. 그것을 '채집'하다 보면 호주머니 용돈을 다 쓰고 만다. 투명한 크리스털로 만든 것, 도자기로 만든 것 등 매우 다양하고 이채롭기만 하다. 왜 영국 사람들은 이처럼 달팽이에 관심이 많은 걸까. 영국은 일 년 내내 겨우 60여 일 정도만 해가 비치는 나라이다. 한마디로 해가 덜 비치고 습도가 높은 곳이라 달팽이들이 살기에 안성맞춤이다. 밭가에만 있는 게 아니라 나무에도 오르고, 종도 다양하여 색대를 두른 놈에 큰 놈 작은 놈 등 온통 달팽이 세상이다. 그러니 달팽이 세공(細工)이 발달하지 않을 수 없다.

우리나라에서는 달팽이 장난감은 물론이고, 잘 만든 세공품을 발견하기 어렵다. 겨울엔 모질게 춥고, 여름엔 덥고 비가 오지 않는 날이 많아 달팽이가 살기에 힘든 곳이다. 비 오는 날이라야 달팽이를 겨우 만날 수 있으니, 달팽이로 만든 세공품이 다양할 리 없다. 환경이 그런 것을 어쩌겠는가.

'개 눈에는 똥만 보이고 부처님 눈에는 부처만 보인다'고 했던가. 유럽을 다니다 보면 공원이나 분수대 등 곳곳에 큰 바다 조개 모양의 조각품이 매우 많은 것을 볼 수 있다. 기름 장사를 하는 유명한 석유 재벌 셸(Shell)사(社)의 상징도 가리비조개가 아니던가. 천장에 매달린 전구 가리개도 그런 모양을 한 것이 많다. 이는 패류가 생활과 밀접한 관계가 있음을 의미하는 것으로, 그만큼 조개를 중요한 먹거리로 이용했다는 증거이다. 우리나라의 바닷가 곳곳에서 조개무덤(패총)이 발견되는 이유도 거기에 있다.

굼뜨면서도 꾸준히 자기 일을 해내는 달팽이를 싫어하는 사람은 없다. 그러나 예쁜 꼴과는 달리, 우리가 먹기 위해 키우는 곡식이나

달팽이 껍데기에서 볼 수 있는 나선 모양을 본뜬 계단

꽃을 먹어 치운다. 한마디로 '해충'인 셈이다. 옥수수의 어린싹을 공격하는 것은 예사요, 속 찬 배추까지 무자비하게 먹어 치운다. 그뿐이 아니다. 난이나 귤을 키우는 농부들도 달팽이 때문에 골머리를 앓는다. 주로 민달팽이가 농부들의 애간장을 태우는 주범이다. 꽃싹을 먹어 치우기에 그렇다. 오죽하면 그것들을 죽이는 농약이 다 개발되었겠는가.

그러나 당부하건데 달팽이에 대한 애정은 식지 않기를 바란다. 빛이 있으면 그림자가 있는 것과 다를 게 없다. 필자는 인간의 기준에서 봤을 때 달팽이의 부정적인 면을 사실대로 이야기했을 뿐이다. 개가 털을 날리고 똥오줌을 싸도 결코 미워하지 않듯이.

달팽이를 연구하면 유익하게 얻을 수 있는 것이 많다. 초식동물은 장에 있는 세균이 풀(섬유소)을 분해하여 양분으로 흡수하지만, 달팽이는 섬유소를 분해하는 효소를 직접 만들어서 섬유소를 소화한다. 일반 초식동물에게 그런 효소가 없음은 앞에서 말한 적이 있다. 만약 섬유 분해 효소를 인간도 이용할 수 있게 만든다면, 우리도 풀을 먹고 소화를 시키는 게 가능하지 않을까. 엉뚱한 상상이라 생각할지도 모르지만 실제로 이런 연구가 꾸준히 진행되고 있고, 그 대상이 달팽이라는 것은 말할 필요도 없다.

달팽이는 아니지만 같은 연체동물 이매패류에 속하는 담치 무리는 '족사'라는 단단한 실을 발에서 분비하여 바위나 돌에 들러붙는다. 물속에서도 붙어 있게 하는 '접착제'를 분비한다니 얼마나 신기한 일인가. 결국 이 물질을 연구해서 물이 있어도 뗐다 붙였다 할 수 있는 생체 접착제를 개발하였다고 하니 그저 놀라울 따름이다.

사람들이 사용하는 물건이 대부분 생물을 모방한 것이라는 사실을 우리는 잘 알고 있다. 비행기가 그렇고 배가 그렇다. 자연을 잘 관찰하면 그 속에 수많은 과학이 숨어 있는 것을 깨닫게 된다. 달팽이도 자연의 일부라 이들을 잘 들여다보는 것도 곧 과학의 기본일 것이다. 자연은 참 신비롭다. 그러나 관심을 가질 때만 신비로움이 보이는 법. 세상은 아는 만큼 보인다고 했던가. 달팽이의 세상도 의외로 간단치가 않음을 보게 될 것이다.

| 부록 | 우리나라 달팽이 목록

Class Gastropoda 복족강

Subclass Neritimorpha 갈고둥아강

Order Cycloneritimorpha 고리갈고둥목

Superfamily Hydrocenoidea 깨알우렁이상과

Family Hydrocenidae 깨알우렁이과

Georissa japonica 깨알우렁이

Subclass Caenogastropoda 신생복족아강

Order Architaenioglossa 고설목

Superfamily Cyclophoroidea 산우렁이상과

Family Cyclophoridae 산우렁이과

Subfamily Cyclophorinae 산우렁이아과

Cyclophorus herklotsi 산우렁이

Cyclotus campanulatus 둥근산우렁이

Platyraphe minutus quelpartensis 제주둥근산우렁이

Nakadaella micron 좀산우렁이

Subfamily Spirostomatinae 나사산우렁이아과

Nobuea elegantistriata 거문도좀달팽이

Spirostoma japonicum japonicum 나사산우렁이

Subfamily Alycaeinae 혹달팽이아과

Chamalycaeus hirasei 주름혹달팽이

Chamalycaeus kurodai 제주혹달팽이

Chamalycaeus cyclophoroides 둥근혹달팽이

Family Diplommatinidae 깨알달팽이과

Arinia chejuensis 아리니아깨알달팽이

Diplommatina changensis 큰깨알달팽이

Diplommatina chejuensis 제주깨알달팽이

Diplommatina kyobuntoensis 거문도깨알달팽이

Diplommatina tyosenica 참깨알달팽이

Diplommatina paxillus 깨알달팽이

Palaina pusilla 왼돌이깨알달팽이

Family Pupinidae 번데기우렁이과

Pupinella rufa 번데기우렁이

Order Littorinimorpha 총알고둥목

Superfamily Truncatelloidea 목주림고둥상과

Family Assimineidae 기수우렁이과

Angustassiminea castanea 밤색기수우렁이

Assiminea bella 갈색띠기수우렁이

Assiminea estuarina 둥근좀기수우렁이

Assiminea hiradoensis 갈대밭기수우렁이

Assiminea japonica 기수우렁이

Assiminea japonica septentrionalis 둥근황갈색기수우렁이

Assiminea lutea 좀기수우렁이

Paludinella (*Cavernacmella*) *coreana* 둥근동굴우렁이

Paludinellassiminea japonica 배꼽기수우렁이

Paludinellassiminea stricta 흰배꼽기수우렁이

Paludinellassiminea tanegashimae 큰배꼽기수우렁이

Pseudomphala latericea 빨강기수우렁이

Family Truncatellidae 목주림고둥과

Truncatella guerinii 목주림고둥

Truncatella pfeifferi 분홍목주림고둥

Subclass Heterobranchia 이새아강

Order Pulmonata 유폐목

Superfamily Siphonarioidea 고랑딱개비상과

Family Siphonariidae 고랑딱개비과

Siphonaria acmaeoides 흰고랑딱개비

Siphonaria japonica 고랑딱개비

Siphonaria javanica 주름고랑딱개비

Siphonaria laciniosa 검은고랑딱개비

Siphonaria rucuana 꼬마고랑딱개비

Siphonaria sirius 꽃고랑딱개비

Superfamily Ellobioidea 대추귀고둥상과

Family Ellobiidae 대추귀고둥과

Ellobium chinense 대추귀고둥

Subfamily Melampinae 귀고둥아과

Melampus fasciatus 노랑띠대추귀고둥

Melampus flavus 얇은귀고둥

Melampus nuxcastaneus 밤색귀고둥

Melampus sincaporensis 낮은탑대추귀고둥

Melampus taeniolus 뾰족탑대추귀고둥

Subfamily Pedipedinae 좁쌀귀고둥아과

Microtralia acteocinoides 좁쌀대추귀고둥

Subfamily Pythiinae 도토리귀고둥아과

Allochroa layardi 도토리귀고둥

Auriculastra duplicata 노란이빨귀고둥

Laemodonta exaratoides 옆줄얇은입술작은귀고둥

Laemodonta monilifera 옆줄두툼입술작은귀고둥

Laemodonta octanfracta 가는옆줄작은귀고둥

Laemodonta siamensis 거친옆줄작은귀고둥

Family Carychiidae 양귀비고둥과

Carychium noduliferum 줄양귀비고둥

Carychium pessimum 양귀비고둥

Koreazospeum nodongense 노동굴고둥

Order Stylommatophora 병안목

Superfamily Succineoidea 뾰족쨈물우렁이상과

Family Succineidae 뾰족쨈물우렁이과

Neosuccinea horticola koreana 참쨈물우렁이

Oxyloma hirasei 뾰족쨈물우렁이

Superfamily Cochlicopoidea 반디고둥상과

Family Cochlicopidae 반디고둥과

Cochlicopa lubrica 반디고둥

Superfamily Pupilloidea 번데기고둥상과

Family Pupillidae 번데기고둥과

Pupilla cryptodon 번데기고둥

Family Pyramidulidae 쇠평지달팽이과

Pyramidula kobayashii 울릉도평지달팽이

Pyramidula micra 쇠평지달팽이

Family Strobilopsidae 입고랑고둥과

Strobilops coreana 참입고랑고둥

Strobilops hirasei 입고랑고둥

Family Valloniidae 실주름달팽이과

Vallonia costata 실주름달팽이

Zoogenetes harpa 가시주름달팽이

Family Vertiginidae 이빨번데기고둥과

Subfamily Gastrocoptinae 모래고둥아과

Gastrocopta coreana 각시모래고둥

Gastrocopta jinjiroi 울릉도모래고둥

Subfamily Vertigininae 이빨번데기고둥아과

Columella edentula 민이빨번데기고둥

Superfamily Enoidea 입술대고둥아재비상과

Family Enidae 입술대고둥아재비과

Ena coreanica 입술대고둥아재비

Mirus junensis 두타산입술대고둥아재비

Mirus obongensis 오봉산입술대고둥아재비

Superfamily Achatinoidea 왕달팽이상과

Family Achatinidae 왕달팽이과

Achatina fulica 왕달팽이

Family Subulinidae 대고둥과

Allopeas clavulinum kyotoense 대고둥

Allopeas pyrgula 가시대고둥

Superfamily Clausilioidea 입술대고둥상과

Family Clausiliidae 입술대고둥과

Euphaedusa aculus mokpoensis 목포입술대고둥

Euphaedusa fusaniana 부산입술대고둥

Euphaedusa fusaniana uturyotoensis 울릉도입술대고둥

Paganizaptyx miyanagai 금강입술대고둥

Paganizaptyx miyanagai ullundoensis 울릉금강입술대고둥

Reinia variegata 큰입술대고둥

Superfamily Punctoidea 납작평탑달팽이상과

Family Discidae 평탑달팽이과

Discus elatior 울릉도평탑달팽이

Discus pauper 평탑달팽이

Family Punctidae 납작평탑달팽이과

Punctum dageletense 울릉도납작평탑달팽이

Punctum depressum 납작평탑달팽이

Superfamily Streptaxoidea 주름번데기상과

Family Diapheridae 주름번데기과

Sinoennea iwakawa 주름번데기

Superfamily Gastrodontoidea 나사밤달팽이상과

Family Gastrodontidae 나사호박달팽이과

Zonitoides arboreus 포항호박달팽이

Zonitoides yessoensis 포항호박달팽이아재비

Family Helicarionidae 밤달팽이과

Bekkochlamys quelpartensis 제주밤달팽이

Bekkochlamys subrejecta 남방밤달팽이

Discoconulus sinapidium 아기밤달팽이

Gastrodontella stenogyra 나사밤달팽이

Macrochlamys fusanus 부산밑자루밤달팽이

Macrochlamys hypostilbe 밑자루밤달팽이

Parakaliella coreana 참밤달팽이

Parakaliella fusaniana 부산참밤달팽이

Parakaliella obesiconus 둥근참밤달팽이

Parakaliella serica 북방참밤달팽이

Parasitala miyanagai 울릉도밤달팽이

Sitalina circumcincta 잔주름삿갓밤달팽이

Sitalina chejuensis 수정밤달팽이

Sitalina japonica 거문도밤달팽이

Trochochlamys crenulata 삿갓밤달팽이

Yamatochlamys lampra 제주아기밤달팽이

Superfamily Zonitoidea 호박달팽이상과

Family Zonitidae 호박달팽이과

Hawaiia minuscula 하와이호박달팽이

Retinella radiatula 호박달팽이아재비

Retinella radiatula coreana 호박달팽이

Superfamily Helicoidea 달팽이상과

Family Bradybaenidae 달팽이과

Acusta despecta sieboldiana 달팽이

Aegista chejuensis 제주배꼽달팽이

Aegista chosenica 참배꼽달팽이

Aegista diversa 왼돌이배꼽털달팽이

Aegista gottschei 곳체배꼽달팽이

Aegista fusanica 부산곳체배꼽달팽이

Aegista hebes 민피라미드배꼽달팽이

Aegista proxima 민둥배꼽달팽이

Aegista pyramidata 피라미드배꼽달팽이

Aegista quelpartensis 제주배꼽털달팽이

Aegista tenuissima 명주배꼽달팽이

Bradybaena montana 큰삼방달팽이

Bradybaena sanboensis 삼방달팽이

Chosenelix problematica 달팽이아재비

Euhadra dixoni 내장산띠달팽이

Euhadra herklotsi 충무띠달팽이

Lepidopisum verrucosum 비늘콩달팽이

Koreanohadra koreana 참달팽이

Koreanohadra kurodana 북한산달팽이

Karaftohelix adamsi 울릉도달팽이

Nesiohelix samarangae 동양달팽이

Trishoplita pumilio 콩달팽이

Trishoplita ottoi 각시달팽이

Family Camaenidae 외줄달팽이과

Satsuma myomphala 거제외줄달팽이

Superfamily Limacoidea 뾰족민달팽이상과

Family Limacidae 뾰족민달팽이과

Deroceras reticulatum 작은뾰족민달팽이

Limax flavus 노랑뾰족민달팽이

Limax marginatus 두줄민달팽이

Superfamily Arionoidea 민달팽이상과

Family Philomycidae 민달팽이과

Meghimatium bilineatum 민달팽이

Meghimatium fruhstorferi 산민달팽이

찾아보기

ㅎ

참고 문헌

권오길, 한국동식물도감 제32권, 동물편(연체동물I), 문교부, 1990.

C. P. Hickman, Larry S. Roberts and Allan Larson, Integrated Principles of Zoology. 9th edition, Mosby, 2001.

Vera Fretter and J. Peake, Pulmonates. vol. 1, Functional Anatomy and Physiology, Academic Press, 1975.

A. S. Tompa, N. H. Verdonk and J. A. M. Van den Biggelaar, The Mollusca. vol. 7, Reoroduction, Academic Press, 1984.

그림 출처

41쪽, 51쪽(위쪽), 56쪽(5), 75쪽 Shutterstock.com

83쪽 ©박지환

85쪽 Barna Páll-Gergely/ https://commons.wikimedia.org/wiki (4.0 BY CC)

86쪽 Shutterstock.com

87쪽(아래) Dylan Parker/ https://commons.wikimedia.org/wiki (CC BY-SA 2.0)

88쪽 Shutterstock.com

89쪽 ©Amgueddfa Cymru-National Museum Wales/ https://commons.wikimedia.org/wiki (CC BY-SA 3.0)

90쪽, 147쪽(오른쪽) Shutterstock.com

154쪽, 157쪽 참살이달팽이농장 제공